Flucht- und Rettungswege

Adam Merschbacher

Flucht- und Rettungswege

Anforderungen behinderter Menschen an die Bewältigung von Notfällen

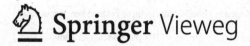

Adam Merschbacher
Planegg, Deutschland

ISBN 978-3-658-32844-3   ISBN 978-3-658-32845-0 (eBook)
https://doi.org/10.1007/978-3-658-32845-0

Die Deutsche Nationalbibliothek verzeichnet diese Publikation in der Deutschen Nationalbibliografie; detaillierte bibliografische Daten sind im Internet über http://dnb.d-nb.de abrufbar.

Planung/Lektorat: Ralf Harms
Springer Vieweg ist ein Imprint der eingetragenen Gesellschaft Springer Fachmedien Wiesbaden GmbH und ist ein Teil von Springer Nature.
Die Anschrift der Gesellschaft ist: Abraham-Lincoln-Str. 46, 65189 Wiesbaden, Germany

Vorwort

Brandschäden lassen sich nur vermeiden, wenn alle Beteiligten bewusst und fachlich ausgebildet vorbeugen. Dies erfordert höchsten Respekt vor dem Thema Brandschutz und seinen Experten. Dabei lassen sich viele Dinge bereits mit Hilfe eines logischen Menschenverstandes eingrenzen.

So haben Krankenhäuser und Pflegeheime seit Langem den Gebrauch von Adventskränzen und brennenden Kerzen zur Weihnachtszeit abgeschafft. Das Rauchen ist verboten und elektrische Geräte werden jährlich auf Fehlerhaftigkeit überprüft.

Qualifizierte Brandschutzbeauftragte kontrollieren bauliche und organisatorische Veränderungen, so dass die Fluchtwegabläufe unter allen Umständen funktionieren und jeder Brandschutzhelfer klar und eindeutig weiß, was in jeder Situation zu tun ist. In seinen/ihren Aufgabenbereich fällt auch die Veranlassung und Einhaltung von Wartungsarbeiten und Revisionskontrollen des abwehrenden Brandschutzes.

In diesem Buch gehe ich auf sehr viele Situationen ein, vor denen Behinderte und ihre Helfer im Brandfall stehen können. Da die Feuerwehr nur ganz eingeschränkte Ressourcen im Brandfall zur Verfügung hat, stimmt meine Erkenntnis leider:

„Behinderte und aktionseingeschränkte Menschen sind ab der 8. Etage dem Himmel näher, als jedem Notausgang".

Adam Merschbacher

Inhaltsverzeichnis

Bedarf an Fluchtwegen

Im Brandfall steht die Rettung von Menschen und Tieren an oberster Stelle. Nur eine vorsorgliche Planung, die auf der einen Seite bauliche Brandverhütungsmaßnahmen und auf der anderen Seite freie und schnell begehbare Fluchtwege implementiert, wird dieser Forderung gerecht.

Die Bezeichnung *Flucht- und Rettungswege* beinhaltet zwei unterschiedliche Nutzungen. Ein Fluchtweg führt von einem x-beliebigen Punkt des Gebäudes nach außen. Der Rettungsweg dient den Helfern und der Feuerwehr von außen um Personen, die sich innerhalb des Gebäudes befinden, auf dem schnellsten Weg zu retten. Genau genommen handelt es sich um einen identischen Weg, der von zwei Seiten genutzt werden kann.

Im Brandfall, wenn der Flucht und Rettungsweg nicht mehr benutzt werden könnte, da er entweder verraucht oder innerhalb des Brandherdes liegt, wird eine Alternative benötigt. Deshalb fordern alle Bauordnungen sowohl einen 1) wie auch einen 2) Flucht und Rettungsweg. Für manche Sonderbauten, wie Hotels und Krankenhäuser wird entsprechend der örtlichen Gegebenheiten sogar ein dritter Flucht- und Rettungsweg erforderlich.

Für die Rettung in Hochhäusern werden Sicherheitstreppenräume gefordert. Ein Sicherheitstreppenraum, z. B. nach der Muster-Hochhaus-Richtlinie, hat eine Rauch-Spülanlage mit geregelter Druckhaltung (RDA) oder benötigt offene Zugänge zum Treppenraum im Freien. Bei der RDA handelt es sich um einen Ventilator mit gesicherter Energieversorgung (separate Zuleitung zum Ventilator unmittelbar hinter dem Hauptzähler). Dieser Ventilator muss frische Außenluft in den Treppenraum drücken und über eine Öffnung über das Dach abführen.

In den meisten Fällen ist der 2. Rettungsweg ein Fenster, das von der Feuerwehr mittels Leiter oder Leiterwagen erreicht werden kann. In der Höhe findet jedoch die Anleiterung bei etwa 23 m (DLA 23-12) ihre Grenzen. Man muss sich

A. Merschbacher, *Flucht- und Rettungswege*, https://doi.org/10.1007/978-3-658-32845-0_1

dies nur vorstellen, wenn ein Feuerwehrmann in dieser Höhe (etwa 7. Stockwerk) jemanden vom Fenster in den Leiterkorb rettet, mit welchen instabilen Bewegungen da oben gekämpft wird.

Sofern man es bei den zu rettenden Personen mit jungen Akrobaten zu tun hat gibt es keine Probleme. Es gibt aber auch Behinderte, Bettlägerige, Ältere, Ängstliche und Babys. Unter der Prämisse, dass die Rettung unter Zeitdruck, in höchster Stressphase für alle Beteiligten und bei starker Verrauchung oder aus dem Fenster schlagenden Flammen geschehen muss, genügt eine realistische Vorstellungskraft, um sich die Problematik vorzustellen.

Neben den Landesbauordnungen werden Flucht- und Rettungswege in Deutschland in der ASR A2.3 (Technische Regeln für Arbeitsstätten) gefordert und geregelt. Der Begriff Fluchtweg entspricht im Baurecht (u. a. Verkaufs- und Versammlungsstättenverordnung) der Bezeichnung Rettungsweg. In der ASR A1.3 ist die Kennzeichnung von Flucht- und Rettungswegen geregelt was auch mit der DIN EN ISO 7010 konform ist.

Zur Orientierung von Besuchern und Mitarbeitern sind die Fluchtwege selbstleuchtend (fluoreszierend) oder durch beleuchtete Piktogramme entlang ihres Verlaufs zu kennzeichnen. Die Kennzeichnung muss von jedem Punkt zum kürzesten Ausgang führen. Dies wird durch eine ausreichende Beleuchtung (Notbeleuchtung) ermöglicht.

Die Breite der Fluchtwege müssen der möglichen Personenanzahl entsprechen, die sich im Gefahrenfall (Rauchentwicklung, Feuer oder Panik) in dem Gebäude oder den Räumlichkeiten aufhält. Länge, Breite und Ausführung (z. B. Türen und Verschlüsse) sind so geregelt, dass das Verlassen schnell und sicher möglich ist.

Damit die Fluchtwege auch bei größerem Andrang in verrauchtem Zustand verletzungsfrei und ohne Stolperstellen genutzt werden können, dürfen diese nicht vollgestellt oder die Türen auf dem Weg zum Ausgang verriegelt (verschlossen) sein.

Beschäftigte in ihren Arbeitsstätten und deren Sicherheit haben für Arbeitgeber oberste Priorität. Dazu gehören in erster Linie Flucht- und Rettungswege und alle Maßnahmen, die dazu dienen, Menschen im Brandfall, bei einer Explosion oder bei einem anderen Unfall rasch aus der Gefahrensituation zu leiten.

„Fluchtwege sind Verkehrswege, an die besondere Anforderungen zu stellen sind und die der Flucht aus einem möglichen Gefährdungsbereich und in der Regel zugleich der Rettung von Personen dienen. Fluchtwege führen ins Freie oder in einen gesicherten Bereich. Fluchtwege im Sinne dieser Regel sind auch die im Bauordnungsrecht definierten Rettungswege, sofern sie selbstständig begangen werden können." [(ASR A2.3 (Ziff. 3.1)].

Fluchtwege stehen in unmittelbarem Zusammenhang mit Notausgängen. Verständlicherweise müssen diese zu jeder Zeit leicht und ohne fremde Hilfsmittel geöffnet werden können. Darüber hinaus dürfen sie nicht verstellt oder eingeengt sein und müssen eindeutig als Notausgang erkennbar und gekennzeichnet sein. Außerdem dürfen Notausgänge nicht von Gegenständen begrenzt werden, die leicht umgestoßen werden können, wie z. B. Kleiderständer oder Schuhschränke. Türen, die sich manuell betätigen lassen, müssen in Fluchtrichtung aufschlagen.

Die Aufschlagrichtung aller sonstigen Türen im Verlauf von Fluchtwegen, hängt von dem Ergebnis der Gefährdungsbeurteilung ab, die im Einzelfall unter Berücksichtigung der örtlichen und betrieblichen Verhältnisse, insbesondere der möglichen Gefahrenlage, der höchstmöglichen Anzahl der Personen, die gleichzeitig einen Fluchtweg benutzen müssen, sowie des Personenkreises, der auf die Benutzbarkeit der Türen angewiesen ist, durchgeführt werden muss.

Karussell- und Schiebetüren, die ausschließlich manuell betätigt werden, sind beispielsweise in Fluchtwegen unzulässig.

Sämtliche Türen im Verlauf von Fluchtwegen und Notausstiegen müssen sich leicht und ohne besondere Hilfsmittel öffnen lassen, solange Personen im Gefahrenfall auf die Nutzung des entsprechenden Fluchtweges angewiesen sind.

Verschließbare Türen und Tore im Verlauf von Fluchtwegen müssen jederzeit von innen ohne besondere Hilfsmittel leicht zu öffnen sein.

Am Ende eines Fluchtweges muss der Bereich im Freien bzw. der gesicherte Bereich so gestaltet und bemessen sein, dass sich kein Rückstau bilden kann und alle über den Fluchtweg flüchtenden Personen ohne Gefahren, z. B. durch Verkehrswege oder öffentliche Straßen, aufgenommen werden können.

Automatische Türen dürfen nur dann eingesetzt werden, wenn die Türen händisch leicht in Fluchtrichtung zu öffnen sind und sie bei Störung selbsttätig öffnen und geöffnet bleiben.

Desto größer unsere Vorstellungskraft ist, desto mehr neigen wir dazu Verantwortung und Risiken auf andere abzuwälzen. Für eine Risiko- und Gefahrbewertung ist es unerlässlich zu wissen, wer wann und für was verantwortlich ist. In Unternehmen ist der Unternehmer verantwortlich. Betriebe und Arbeitsstätten müssen so eingerichtet und betrieben werden, dass von ihnen keine Gefährdungen für die Sicherheit und Gesundheit der Beschäftigten bei der Arbeit ausgehen.

Für eine Baumaßnahme ist der Bauherr verantwortlich. Das Bauordnungsrecht der Bundesländer legt zudem fest, dass jeder Betreiber einer baulichen Anlage dafür sorgen muss, dass Leben, Gesundheit und Umwelt beim Anordnen, Errichten und Betreiben von baulichen Anlagen nicht gefährdet werden.

In den jeweiligen Landesbauordnungen ist für den Neubau die Verantwortlichkeit für den Brandschutz geregelt. Am Beispiel der Bayerischen Bauordnung (BayBO) ist in Art. 50 der Bauherr als Verantwortlicher beschrieben.

> (1) Der Bauherr hat zur Vorbereitung, Überwachung und Ausführung eines nicht verfahrensfreien Bauvorhabens sowie der Beseitigung von Anlagen geeignete Beteiligte nach Maßgabe der Art. 51 und 52 zu bestellen, soweit er nicht selbst zur Erfüllung der Verpflichtungen nach diesen Vorschriften geeignet ist. Dem Bauherrn obliegen außerdem die nach den öffentlich-rechtlichen Vorschriften erforderlichen Anträge, Anzeigen und Nachweise. Wechselt der Bauherr, hat der neue Bauherr dies der Bauaufsichtsbehörde unverzüglich schriftlich mitzuteilen.

Da der Bauherr meist nicht selbst Architekt ist, benötigt dieser laut Art. 51 einen Entwurfsverfasser.

> (1) Der Entwurfsverfasser muss nach Sachkunde und Erfahrung zur Vorbereitung des jeweiligen Bauvorhabens geeignet sein. Er ist für die Vollständigkeit und Brauchbarkeit seines Entwurfs verantwortlich. Der Entwurfsverfasser hat dafür zu sorgen,

A. Merschbacher, *Flucht- und Rettungswege*, https://doi.org/10.1007/978-3-658-32845-0_2

dass die für die Ausführung notwendigen Einzelzeichnungen, Einzelberechnungen und Anweisungen den öffentlich-rechtlichen Vorschriften entsprechen.

Die Gebiete Brandschutz, Statik, Elektro-/HLS-Planung fallen auch nicht in das Fachwissen von Architekten. Deshalb findet sich der folgende, elementare Absatz 2 im Art. 51:

(2) Hat der Entwurfsverfasser auf einzelnen Fachgebieten nicht die erforderliche Sachkunde und Erfahrung, so hat er den Bauherrn zu veranlassen, geeignete Fachplaner heranzuziehen. Diese sind für die von ihnen gefertigten Unterlagen, die sie zu unterzeichnen haben, verantwortlich. Für das ordnungsgemäße Ineinandergreifen aller Fachplanungen bleibt der Entwurfsverfasser verantwortlich.

Last but not least kennt z. B. die BayBO in Art. 52 noch den Unternehmer am Bau, der für seine übernommenen Arbeiten verantwortlich und qualifiziert sein muss.

Bis hierhin ist eine klare Aufgabenteilung und Verantwortlichkeitszuweisung gegeben. Eine Gebäudeerrichtung ist jedoch nicht so straff einzuteilen. Es beginnt mit der Planung, der Ausführung, der Objektüberwachung und meist auch mit Planänderungen (Tekturen), Nutzungsänderungen und allen möglichen nachträglichen Abweichungen, wie Budgetreduzierung, Auflagen (durch Versicherer, VdS, Bauordnungsamt oder Kreisverwaltungsreferat) oder im Extremfall Wechsel der Bauherreneigenschaft.

Außerdem müssen kleinere und größere Planungsfehler, sowie Ausführungsfehler während eines Baus korrigiert werden.

Typische Planungsfehler

- Überschreitung der Länge von Rettungswegen
- Zweiten Rettungsweg falsch geplant, da ein Anleitern nicht möglich ist (Stopp bei Feuerwehrbegehung).
- Unzulässige Einbauten in Fluchtwegen (Elektroverteiler)
- Erforderliche Brandwände falsch eingezeichnet
- Nichtberücksichtigen von Sonderbauvorschriften
- Verwendung/Ausschreibung unzulässiger Materialien

Typische Ausführungsfehler

- Brandschotte mangelhaft oder unzulässig
- Trennwände sind nicht von Rohdecke zu Rohdecke geführt
- Falsche FH-Türen verbaut (z. B. ohne Rauchschutz)
- Barrierefreiheit unterbrochen
- In öffentlichen Bauten 2. Treppengeländer vergessen
- Stahlträger nicht fachmännisch für den Brandschutz ertüchtigt

Typische Überwachungsfehler

- Unternehmer verwendet nicht ausgeschriebene Materialien
- Türzargen wurden nicht ordnungsgemäß verfüllt
- Statt halogenfreien Kabeln, werden einfache Elektrokabel verwendet
- Türanschlag im Fluchtweg falsch (Gegen Fluchtrichtung)
- Falsche Dübel bei Notleiteranlagen
- Feuer- und Rauchschutz nicht durchgängig

Schadensersatz

Fällt der Mangel nicht auf und kommt es auch durch Feuer oder Rauch zu keinem Schaden, gibt es schlichtweg nichts zu verantworten. Dies könnte z. B. so sein, wenn das Brandschutzkonzept Trennwände in F 90 AB fordert, der Trockenbauer aber nur F 30 B-Wände setzt. Wird der Mangel vor einem Schadensfall festgestellt, so löst er schlimmstenfalls Schadensersatzforderungen aus, in Form von:

- Mängelbeseitigungskosten (nach Fristsetzung usw.)
- Minderwert der Werkleistung
- Kosten für Privatgutachten
- Rechtsanwaltskosten
- Mietausfallschaden
- Zinsverlust
- Entgangene Nutzungsmöglichkeit
- Entgangener Gewinn
- Reinigungskosten

Verjährung

Die Verjährungsfrist bei Gewährleistungen beträgt in der Regel 5 Jahre (BGB). Ansprüche aus unerlaubter Handlung verjähren zwar grundsätzlich nach drei Jahren, doch nach dem Schuldrechtsreformgesetz beginnt die Verjährungsfrist erst zu laufen, wenn Schaden und Schädiger zur Kenntnis gelangt sind. Kommen Menschen zu Schaden, beträgt die Verjährung nach § 78 StGB zwischen 3 und 30 Jahren (Mord verjährt nie!).

Der Bauherr bzw. Staatsanwalt kann wählen, ob er den Architekten (Objektüberwachung) oder den ausführenden Unternehmer in Regress nimmt.

Verantwortung
Verantwortliche sollten sich in Bezug auf den Brandschutz folgenden Grundsatz (§ 17 MBO) zu eigen machen:

(1) Bauliche Anlagen müssen so beschaffen sein, dass der Entstehung eines Brandes und der Ausbreitung von Feuer und Rauch vorgebeugt wird und bei einem Brand die Rettung von Menschen und Tieren sowie wirksame Löscharbeiten möglich sind.

In typischen Unternehmen (ob Einzelfirma oder Kapitalgesellschaft) kann sich der Betriebsinhaber nicht um alles selbst kümmern. Deshalb besteht die Möglichkeit, Verantwortung qualifiziert zu delegieren.

Um die zahlreichen Pflichten eines Unternehmens sicher zu erfüllen, ist es zweckmäßig, die betrieblichen Aufgaben und Prozesse, z. B. Arbeits-, Informations- und Kommunikationsprozesse jeweils durch eine Aufbau- und Ablauforganisation konkret festzulegen und zu dokumentieren. Die Zuordnung und Delegation von Aufgaben in der hierarchischen Unternehmensstruktur führt zu Anweisungs-, Auswahl- und Kontrollpflichten hinsichtlich der Mitarbeiter und/oder Dritten. Aufbau- und Ablauforganisation müssen in regelmäßigen Abständen aktualisiert und bei betrieblichen Änderungen überprüft werden.

Zivilrechtlich haftet das Unternehmen, gemäß den §§ 31 und §§ 823 BGB, für Handlungen seiner Organe und der diesen gleichgestellten Personen. Ein Arbeitgeber kann sich nur unter den engen Voraussetzungen des § 831 Abs. 1 Satz 2 BGB für die Handlungen seiner Arbeitnehmer entlasten (Auswahl- und Überwachungsverschulden). Die strafrechtliche Verantwortung des Unternehmens kann auch von seinen Mitarbeitern getragen werden. Basis ist der jeweils gesellschafts- und arbeitsrechtlich festgelegte innerbetriebliche Aufgabenbereich des Mitarbeiters.

Versicherungsrechtlich ist das Unternehmen als Versicherungsnehmer gemäß z. B. den Allgemeinen Bedingungen für die Feuerversicherung verpflichtet, Brandschäden abzuwenden bzw. zu mindern.

Führungskräfte

Führungskräfte sind z. B. Geschäftsführer. Durch ausdrückliche, exakt dokumentierte schriftliche Übertragung (§§ 9 OWiG, 708 RVO und Arbeitsschutzgesetz § 13 Abs. 2) wird hier die Verantwortung übertragen.

Die Garantenstellung der Führungskräfte umfasst dann, im zugewiesenen Kompetenz- und Aufgabenbereich, die Verantwortung für eine richtige Handlungsweise bzw. deren bewusste Unterlassung. Die Grenzen der Aufgaben und Verantwortung müssen gegeneinander klar abgegrenzt sein. Eine vollständige Übertragung der Verkehrssicherungspflicht ist gemäß § 823 BGB nicht möglich.

Arbeitnehmer

Arbeitnehmer (z. B. Hausmeister) können in kleinerem Umfang Verantwortung übertragen bekommen, wie kontrollieren ob alle feuerhemmenden Türen richtig schließen und auch nur im Rahmen seiner Befugnisse und Aufgaben. Nach dem Betriebsverfassungsgesetz (§ 89 Arbeitsschutz [3]). Die Beschäftigten sind gemäß dem Arbeitsschutzgesetz verpflichtet, nach ihren Möglichkeiten sowie gemäß der Unterweisung und Weisung des Arbeitgebers für die Sicherheit und Gesundheit der Personen Sorge zu tragen, die von ihren Handlungen oder Unterlassungen bei der Arbeit betroffen sind; sie sind im Rahmen ihrer Befugnisse und Aufgaben somit auch für den Brandschutz verantwortlich. Nach dem Betriebsverfassungsgesetz hat auch die Arbeitnehmervertretung einen permanenten Beitrag zur Unternehmenssicherheit zu leisten.

Zertifikat

Lehrgang Brandschutz- beauftragte

Adam Merschbacher

hat an dem VdS-Lehrgang **Brandschutzbeauftragte** teilgenommen und die Prüfung bestanden. Dieser Lehrgang wurde nach dem Ausbildungsmodell der Confederation of Fire Protection Associations Europe (CFPA-Europe) durchgeführt.

Der Lehrgang fand in München statt vom

17.10. bis 21.10.2005 und vom 07.11. bis 11.11.2005

Die Prüfung wurde abgelegt am   Registriernummer

11. November 2005   D 2005/301

Wesentliche Lehrgangsinhalte:
- Gesetzliche und private technische Bestimmungen
- Wirtschaftliche Bedeutung des Brandschutzes
- Chemisch-physikalische Grundlagen des Verbrennungs- und Löschvorgangs
- Organisatorischer Brandschutz
- Anlagentechnischer Brandschutz
- Baulicher Brandschutz
- Brandrisiken im Betrieb / Besondere Gefahren im Betrieb
- Brandgefahren durch elektrischen Strom
- Sofortmaßnahmen bei Brandausbruch
- Planung und Bewertung von Brandschutzmaßnahmen

Leiter
Schulung und
Information

M. Schnell

11. November 2005

VdS SCHADENVERHÜTUNG
Schulung und Information
Posteurstraße 17a
50735 Köln

Brandschutzbeauftragter
Zur Sicherstellung betrieblicher Brandsicherheit hat sich die Ernennung eines persönlich und fachlich geeigneten **Brandschutzbeauftragten** bewährt.
Brandschutzbeauftragter kann ggf. auch die entsprechend qualifizierte Sicherheitsfachkraft sein, die im Rahmen des Arbeitssicherheitsgesetzes ebenfalls für den Brandschutz zuständig sein kann..Auch ein qualifiziertes Mitglied der Werkfeuerwehr kann ggf. die Aufgaben eines Brandschutzbeauftragten übernehmen.

Fremdfirmen
Bei Beschäftigung von **Fremdfirmen** ist ebenfalls der Unternehmer für die Einhaltung der Brandschutzmaßnahmen verantwortlich. Diese Verantwortung kann im Einzelfall auf die Fremdfirma übertragen werden.

Gesetzliche Grundlagen

- Betriebssicherheitsverordnung (BetrSichV)
- Verordnung über Arbeitsstätten (Arbeitsstättenverordnung – ArbStättV)
- Gesetz über Ordnungswidrigkeiten (OWiG), § 9 „Handeln für einen anderen"
- Sozialgesetzbuch, sechstes Buch (SGB) VI, § 15 Unfallverhütungsvorschriften (vormals Reichsversicherungsordnung, RVO, § 708)
- Arbeitsschutzgesetz, § 13 „Verantwortliche Personen" Abs. 2
- Muster-Richtlinie über den baulichen Brandschutz im Industriebau (Muster-Industriebaurichtlinie – M IndBauRL)
- Gesetz zur Kontrolle und Transparenz im Unternehmensbereich (KonTraG)

Delegieren von Verantwortung an einem Praxisbeispiel
An sämtlichen FH-Türen in einer Großgaststätte wurden nachträglich Türschließer angebracht, was dazu führt, dass die Zulassungen als FH-Türen erloschen sind. Dies teilt der Brandschutzbeauftragte der Unternehmensleitung mit und fordert, da er sich nicht sicher ist, alle FH-Türen gegen solche mit Zulassung auszutauschen. Der Unternehmer hat aber meist noch weniger Fachwissen und tauscht die Türen aus oder legt die schriftliche Anforderung einfach beiseite.

Die Türen hätten zwar ihre Zulassung verloren, müssten aber deshalb noch lange nicht ausgetauscht werden.

Tauscht er dagegen die Türen nicht aus und es passiert etwas, durch einen Mangel, der in der Ursache einer Türe gefunden wird, ist nicht der Brandschutzbeauftragte, sondern der Unternehmer verantwortlich, sofern er davon nachweislich Kenntnis hatte. Entscheidend wird sein, dass der Brandschutzbeauftragte seinen Arbeitgeber auf den Mangel aufmerksam gemacht hat.

Im Schadensfall entscheiden Richter, nachdem ein Sachverständiger bewertet, ob der Türen-Nichtaustausch ursächlich oder Nicht-Schadenmindernd für das Ereignis war.

Mietobjekte
Ziemlich eindeutig ist die Rechtsprechung in Bezug auf Verantwortung und Beweislast für Brandschäden bei Mietobjekten. Ein Vermieter wurde zu Schadensersatz gegenüber seiner Mieterin verurteilt (OLG München Az.: 3 U 5356/96), da er seinen Wartungspflichten an der elektrischen Hausanlage nicht nachgekommen sei. Als rein theoretische Schadensursachen verblieben nach einem Sachverständigengutachten „Zündeln der Kinder der Mieterin, defekte Stereoanlage, Defekt im Sicherungskasten oder in den elektrischen Leitungen". Es war zwar unzweifelhaft, dass der Schaden von den, von der Mieterin benutzten Räumen ausgegangen sei, doch müsse der Vermieter den Beweis führen, dass der Schaden auf den Mietgebrauch (Defekt der Stereoanlage) zurückzuführen ist. Das OLG München vertrat die Auffassung, dass insbesondere bei Brand- und Wasserschäden sowohl Ursachen aus dem Verantwortungsbereich des Vermieters, als auch des Mieters in Betracht kommen können. Für den ordnungsgemäßen Zustand des Sicherungskastens und der elektrischen Leitungen ist jedoch ausschließlich der Vermieter gemäß § 536 BGB verantwortlich.

Das Oberlandesgericht Saarbrücken (4 U 109/92) entschied sogar noch eindeutiger:
„Der Vermieter ist im Rahmen der ihn treffenden Instandhaltungspflicht gehalten, die elektrotechnische Anlage des vermieteten Gebäudes nach Maßgabe der
anerkannten Regeln der Technik, den VDE-Bestimmungen und wegen der Prüf-
fristen der einschlägigen Unfallverhütungsvorschriften ‚Elektrische Anlagen und
Betriebsmittel' (VBG 4) regelmäßig zu überprüfen."

Die Durchführungsanweisungen für elektrische Anlagen in Wohnungen lauten in
§ 5 der VBG 4: „ortsfeste elektrische Anlagen sind zumindest alle 4 Jahre durch eine
Elektrofachkraft auf ordnungsgemäßen Zustand zu prüfen (E-Check). Für Räume
und Anlagen besonderer Art (DIN VDE 0100 Gruppe 700) verkürzt sich – für die
unter den Geltungsbereich der VBG 4 fallenden Anlagen – die Prüffrist auf 1 Jahr".

Eine klare Regelung im Mietvertrag wäre hier sehr hilfreich. Ansonsten gilt:

(1) Durch den Mietvertrag wird der Vermieter verpflichtet, dem Mieter den Gebrauch
der Mietsache während der Mietzeit zu gewähren. Der Vermieter hat die Mietsache dem
Mieter in einem zum vertragsgemäßen Gebrauch geeigneten Zustand zu überlassen und
sie während der Mietzeit in diesem Zustand zu erhalten. Er hat die auf der Mietsache
ruhenden Lasten zu tragen.

(2) Der Mieter ist verpflichtet, dem Vermieter die vereinbarte Miete zu entrichten.

Sonderbauten

Für Sonderbauten gelten besondere Anforderungen, die von den Ländern unterschiedlich in gültiges Recht umgesetzt werden.

Dies gilt zum Beispiel für:

- Garagen-Verordnung
- Feuerungsanlagen-Verordnung
- Gaststättenbau-Verordnung
- Geschäftshaus-Verordnung
- Krankenhaus-Verordnung
- Prüfzeichen-Verordnung
- Versammlungsstätten-Verordnung
- Hochhaus-Richtlinie
- Schulhausbau-Richtlinie

Aus Richtersicht
Während der Verantwortliche sekundenschnell entscheiden muss, geht er grundsätzlich nicht von einem worst case aus. Das wäre aber eine Fehleinschätzung. Hier möchte ich einen zwischenzeitlich legendären Satz aus einem Gerichtsurteil (OVG Münster 10 A 363/86) wiedergeben:

„Es entspricht der Lebenserfahrung, dass mit der Entstehung eines Brandes praktisch jederzeit gerechnet werden muss. Der Umstand, dass in vielen Gebäuden jahrzehntelang kein Brand ausbricht, beweist nicht, dass keine Gefahr besteht, sondern stellt für die Betroffenen einen Glücksfall dar, mit dessen Ende jederzeit gerechnet werden muss!"

Werden Brandschutzvorschriften missachtet, ist der Versicherungsschutz gefährdet. Die Haftungsfrage, die sich dann stellt, würde ein völlig neues Kapitel eröffnen.

Die erlassenen Landesbauordnungen weisen dem Sachverständigenwesen für den baulichen Brandschutz eine eigenständige Position bei der Planung und Genehmigung von Bauvorhaben zu. Das Erarbeiten eines schlüssigen Brandschutznachweises verlangt vom Fachplaner für vorbeugenden Brandschutz besondere Sachkunde und Erfahrung. Als Teilentwurfsverfasser Brandschutz ist er für die Vollständigkeit und Brauchbarkeit seines Entwurfes verantwortlich.

Die berufsbegleitende Fachfortbildung vermittelt Fachwissen im vorbeugenden Brandschutz und befähigt zur Erarbeitung ganzheitlicher Brandschutznachweise im Bauantragsverfahren.

Die Planung und Umsetzung von Brandschutzkonzepten unterliegen einer Vielzahl von gesetzlichen Regelungen sowie technischen Vorschriften und Richtlinien. Sie genau zu kennen, ist für Planer von besonderer Bedeutung. Denn seit der Abschaffung der förmlichen Baugenehmigung tragen sie beim Brandschutz die volle Haftung für Planungsfehler und die daraus resultierenden Schäden.

Der Bundesgerichtshof hat in seinem neuesten Urteil (26.01.2012 – **VII ZR 128/11**) dargestellt, dass die gesamte Brandschutzplanung zu den Verpflichtungen des Architekten gehört. Der Architekt muss daher den Brandschutz bereits von Anfang an im Rahmen der Leistungsphasen 1 bis 3 mit den Behörden abstimmen und gegebenenfalls auch die Erwartungen der Brandschutzgutachter bei der Brandschutzbegutachtung vorhersehen und in seinen Planungen berücksichtigen. Mängel in der Ausführung der Planung führen, wie der BGH noch einmal ganz deutlich klargestellt hat, regelmäßig zu einer Haftung des Architekten gegenüber dem Bauherrn auf die entstehenden Schäden.

Umfangreichere Brandschutzmaßnahmen machen eine Prüfung des Brandschutz-Nachweises des Sachverständigen durch einen Brandschutz-Prüfsachverständigen erforderlich.

Anforderungen an Fluchtwege

3

Die Anforderungen an Fluchtwege und Notausgänge sind zunächst zwischen rechtlichen und normativen Anforderungen, sowie zwischen organisatorischen und baulichen Maßnahmen zu unterscheiden. Bei den rechtlichen Anforderungen sind sowohl das Baurecht als auch das Arbeitsschutzrecht relevant. In den technischen Regeln für Arbeitsstätten (ASR) sind die Anforderungen für Flucht und Notausgänge für Betriebe geregelt.

Baurecht
Da das Baurecht dem Länder-Recht unterliegt, kann es theoretisch in den einzelnen Bundesländern inhaltliche Unterschiede geben. Es gelten die jeweiligen Landesbauordnungen. Die meisten Landesbauordnungen richten sich nach der Muster-Verordnung und -Richtlinie, die auf Bundesebene durch die Bauministerkonferenz der Bundesländer erarbeitet und dann zur weiteren Verwendung und möglichen Übernahme an die Bundesländer selbst weitergegeben wird.

Arbeitsschutzrecht

Das Arbeitsschutzrecht unterliegt dem Bundesrecht und ist somit in allen Bundesländern gleichermaßen gültig. Das macht die Betrachtung der Anforderungen an Flucht- und Rettungswege entsprechend einfacher. Die baulichen Anforderungen an Flucht und Rettungswege nach dem Arbeitsschutzrecht, finden sich konkret in der technischen Regel für Arbeitsstätten ASRA2.3 sowie in der Arbeitsstättenverordnung (ArbStättV). Auch in der technischen Regel für Arbeitsstätten ASR A3.4/7 gibt es ein paar Anforderungen, allerdings im Zusammenhang mit der Sicherheitsbeleuchtung bzw. optischen Sicherheitsleitsystemen. Das Arbeitsschutzrecht sollte für alle Gebäude beachtet werden, auch wenn das Gebäude keine klassische Arbeitsstätte, wie zum Beispiel ein Produktionsbetrieb ist. Denn auch ein Theater als Versammlungsstätte oder ein Hotel als Beherbergungsbetrieb ist aus Sicht der dort Beschäftigten immer auch eine Arbeitsstätte.

Weitergehende Anforderungen

Anforderungen an Flucht- und Rettungswege, über die Vorgaben der vorgenannten Regelwerke des Bau- und Arbeitsschutzrechtes hinausgehen, können sich zum Beispiel durch eine nach Arbeitsstättenverordnung (ArbStättVO) und Betriebssicherheitsverordnung (BetrSichV) durchzuführenden Gefährdungsbeurteilung, eines Brandschutzkonzeptes als Teil einer Baugenehmigung oder Gefährdungsbeurteilung sowie weitergehenden, behördlichen Vorgaben oder eine Baugenehmigung selbst ergeben.

Normen

Gemäß ArbStättV und ASR A2.3 sind Flucht- und Rettungswege dauerhaft und gut sichtbar zu kennzeichnen. Auch aus den baurechtlichen Regelwerken kann diese Forderung abgeleitet werden, insbesondere baulichen Anlagen, in denen eine Sicherheitsbeleuchtung nach Baurecht erforderlich ist, beispielsweise in Versammlungsstätten gem. Versammlungsstätten-Verordnung ab einer bestimmten Größe.

Wie und an welchen Stellen eine Kennzeichnung und Ausleuchtung von Flucht- und Rettungswegen erforderlich ist, ergibt sich durch verschiedene Normen.

Für Arbeitgeber sind die ASR A2.3 die konkretisierten Anforderungen der Verordnung über Arbeitsstätten. Bei Einhaltung der technischen Regeln kann der Arbeitgeber insoweit davon ausgehen, dass die entsprechenden Anforderungen der Verordnung erfüllt sind. Wählt der Arbeitgeber eine andere Lösung, muss er damit mindestens die gleiche Sicherheit und den gleichen Gesundheitsschutz für die Beschäftigten erreichen.

Die Arbeitsstättenregel gilt für das Einrichten und Betreiben von Fluchtwegen sowie Notausgängen in Gebäuden und vergleichbaren Einrichtungen, zu denen Beschäftigte im Rahmen ihrer Arbeit Zugang haben, wobei die Anwesenheit von anderen Personen, die nicht Betriebsangehörigen sind, berücksichtigt werden müssen.

Die Arbeitsstättenregel gilt nicht

- für das Einrichten und Betreiben von
  - nicht allseits umschlossenen und im Freien liegenden Arbeitsstätten
  - Bereichen in Gebäuden und vergleichbaren Einrichtungen, in denen sich Beschäftigte nur im Falle von Instandhaltungsarbeiten (Wartung, Inspektion, Instandsetzung oder Verbesserung der Arbeitsstätten zum Erhalt des baulichen und technischen Zustandes) aufhalten müssen.
- für das Verlassen von Arbeitsmitteln. i. S. d. § 2 Abs. 1 Betriebssicherheitsverordnung im Gefahrenfall.

Für die barrierefreie Gestaltung der Fluchtwege und Notausgänge sowie der Flucht und Rettungspläne gilt die ASR V3a.2 „barrierefreie Gestaltung von Arbeitsstätten", Anhang A2.3: Ergänzende Anforderungen zur ASR A2.3 „Fluchtwege und Notausgänge, Flucht und Rettungsplan".

Eine große Verunsicherung herrscht bei der Frage, ob Regulatoren oder Rollstühle im Hausflur „geparkt" werden dürfen. Nach einem Urteil des Landgerichts Hannover und einem Urteil des Bundesgerichtshofs ist das jedoch erlaubt.

Sehr viele Menschen sind behindert oder wegen einer Krankheit eingeschränkt oder einfach altersbedingt infolge körperlicher Einschränkungen auf eine Gehhilfe angewiesen. Doch wohin mit dem Rollator oder dem Rollstuhl, wenn er nicht gebraucht wird? Was ist in einem Mietshaus erlaubt und was verboten? Durch ein Urteil des Landgerichts Hannover aus dem Jahre 2005 (20 S. 39/05) und einem Urteil des Bundesgerichtshofs aus dem Jahre 2006 (V ZR 46/06) ist das „Parken" erlaubt. Ein generelles Verbot in der Hausordnung ist nicht zulässig. Ein Mieter darf einen Rollstuhl, einen Rollator und auch einen Kinderwagen im Hausflur abstellen, wenn er darauf angewiesen ist und der Hausflur ausreichend groß ist. Es muss also noch genügend Platz für den Fluchtweg bleiben.

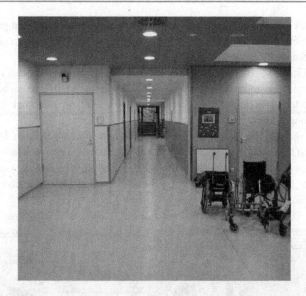

Beim Einrichten und Betreiben von Fluchtwegen und Notausgängen sind die beim Einrichten von Rettungswegen zu beachtenden Anforderungen des Bauordnungsrechts der Länder zu berücksichtigen (Landesbauordnungen).

Allgemein gilt, dass Fluchtwege, Notausgänge und Notanstiege ständig freizuhalten sind, damit sie jederzeit benutzt werden können.

Können Notausgänge und Notausstiege von außen verstellt werden, sind diese auch von außen zu kennzeichnen durch weitere Maßnahmen zu sichern, zum Beispiel durch die Anbringung von Abstandsbügeln für Kraftfahrzeuge.

Aufzüge sind als Teil des Fluchtweges unzulässig, da sie im Gefahrenfall ausfallen und zu einer Falle werden könnten.

Die Erfordernis eines zweiten Fluchtweges ergibt sich aus der Gefährdungsbeurteilung unter besonderer Berücksichtigung der bei dem jeweiligen Aufenthaltsort bzw. Arbeitsplatz vorliegenden spezifischen Verhältnisse, z. B. einer erhöhten Brandgefahr oder der Zahl der Personen, die auf den Fluchtweg angewiesen sind. Ein zweiter Fluchtweg kann zum Beispiel erforderlich sein bei Produktions- oder Lagerräumen mit einer Fläche von mehr als 200 m², bei Geschossen mit einer Grundfläche von mehr als 1600 m² oder aufgrund anderer spezifischer Vorschriften.

Fahrsteige, Fahrtreppen, Wendel- und Spindeltreppen sowie Steigleitern und Steigeisengänge sind im Verlauf eines ersten Fluchtweges nicht zulässig. Im Verlauf eines zweiten Fluchtweges sind sie nur dann zulässig, wenn die Ergebnisse der Gefährdungsbeurteilung deren sichere Benutzung im Gefahrenfall erwarten lassen. Dabei sollten Fahrsteige gegenüber Fahrtreppen Wendeltreppen gegenüber Spindeltreppen, Spindeltreppen gegenüber Steigleitern und Steigleitern gegenüber Steigeisengängen bevorzugt werden.

Führen Fluchtwege durch Schrankenanlagen, z. B. in Kassenzonen oder Vereinzelungsanlagen, müssen sich Sperreinrichtungen schnell und sicher sowie ohne besondere Hilfsmittel mit einem Kraftaufwand von maximal 150 N in Fluchtrichtung öffnen lassen.

Fluchtwege sind deutlich erkennbar und dauerhaft zu kennzeichnen. Die Kennzeichnung ist im Verlauf des Fluchtweges an gut sichtbaren Stellen und innerhalb der Erkennungsweite anzubringen. Sie muss die Richtung des Fluchtweges anzeigen.

Der erste und der zweite Fluchtweg dürfen innerhalb eines Geschosses über denselben Flur zu Notausgängen führen.

Als verbindlich gilt, dass Fluchtwege in Abhängigkeit von vorhandenen Gefährdungen und den damit in der Regel der ASR A2.3 verbundenen maximal zulässigen Fluchtweglängen, sowohl in Abhängigkeit von Lage und Größe des Raumes anzuordnen sind.

Bei der Gefährdungsbeurteilung sind unter anderem die höchstmögliche Anzahl der anwesenden Personen und der Anteil an ortskundigen Personen zu berücksichtigen.

Die Fluchtweglänge muss möglichst kurz sein und darf

a) für Räume ohne oder mit normaler Brandgefährdung,   bis zu 35 m
   ausgenommen Räume nach b) bis f)

b) für Räume mit erhöhter Brandgefährdung mit selbsttätigen   bis zu 35 m
   Feuerlöscheinrichtungen

c) für Räume mit erhöhter Brandgefährdung ohne selbsttätige   bis zu 25 m
   Feuerlöscheinrichtungen

d) für giftstoffgefährdete Räume   bis zu 20 m

e) für explosionsgefährdete Räume ausgenommen Räume   bis zu 20 m
    nach f)

f) für explosivstoffgefährdete Räume   bis zu 10 m

betragen (bezüglich der Begriffsbestimmungen der Brandgefährdungen siehe ASR A2.2 „Maßnahmen gegen Brände"). Die tatsächliche lauffähige Länge darf jedoch nicht mehr als das 1,5 fache der Fluchtwegelänge betragen. Sofern es sich bei einem Fluchtweg nach a), b) oder c) auch um einen Rettungsweg handelt und das Bauordnungsrecht der Länder für diesen Weg eine von Satz 1 abweichende längere Weglänge zulässt können beim Einrichten und Betreiben des Fluchtweges die Maßgaben des Bauordnungsrechts angewandt werden.

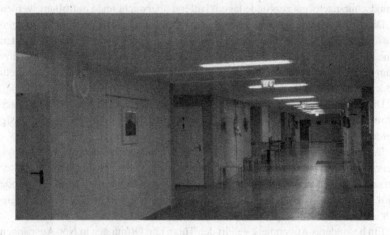

Die Mindestbreite der Fluchtwege bemisst sich nach der höchstmöglichen Anzahl der Personen, die im Bedarfsfall den Fluchtweg benutzen müssen und ergibt sich so aus nachstehender Tabelle:

Mindestbreite der Fluchtwege

Nr	Anzahl der Personen (Einzugsgebiet)	Lichte Breite (in m)
1	bis 5	0,875
2	bis 20	1,00
3	bis 200	1,20

Nr	Anzahl der Personen (Einzugsgebiet)	Lichte Breite (in m)
4	bis 300	1,80
5	bis 400	2,40

Bei der Bemessung von Tür-, Flur- und Treppenbreiten sind sämtliche Räume für die Flucht erforderliche und besonders gekennzeichnet Verkehrswege in Räumen zu berücksichtigen, in den Fluchtweg münden. Tür-, Flur- und Treppenbreiten sind aufeinander abzustimmen.

Wird die Fluchtwegplanung Jahre später auf dem Prüfstand gestellt, so lässt sich häufig feststellen, dass sich Firmen verändert, vergrößert oder durch Trennwände anders entwickelt haben. Aus diesem Grund sollten die Vorgaben, die dem Brandschutznachweis zugrunde lagen, laufend überwacht und kontrolliert werden.

Die Mindestbreite des Fluchtweges darf durch Einbauten oder Einrichtungen, sowie in Richtung des Fluchtweges zu öffnende Türen nicht eingeengt werden. Eine Einschränkung der Mindestbreite der Flure von maximal 0,15 m an Türen kann vernachlässigt werden. Für Einzugsgebiete bis 5 Personen darf die lichte Breite jedoch an keiner Stelle weniger als 0,80 m betragen.

Die lichte Höhe über Fluchtwegen muss mindestens 2,00 m betragen. Eine Unterschreitung der lichten Höhe von maximal 0,05 m an Türen kann vernachlässigt werden.

Der Begriff Fluchtweg nach ASR A2.3 entspricht dem des Rettungsweges, wie er im deutschen Baurecht (u. a. Musterbauordnung, Muster-Versammlungsstättenverordnung, Muster-Verkaufsstättenverordnung) verwendet wird. Die Kennzeichnung von Flucht- und Rettungswegen ist in der ASR A1.3 geregelt und entspricht der DIN EN ISO 7010.

Ein besonderes Augenmerk gehört den Türen und Öffnungen in Not-Ausgängen, Fluchtwegen und Not-Ausstiegen.

Manuell betätigte Türen in Notausgängen müssen in Fluchtrichtung aufschlagen. Die Aufschlagrichtung von sonstigen Türen im Verlauf von Fluchtwegen hängt von dem Ergebnis der Gefährdungsbeurteilung ab, dem Einzelfall unter Berücksichtigung der örtlichen und betrieblichen Verhältnisse, insbesondere der möglichen Gefahrenlage, der höchstmöglichen Anzahl der Personen, die gleichzeitig einem Fluchtweg benutzen müssen sowie des Personenkreises, der auf die Benutzbarkeit der Türen angewiesen ist, durchzuführen wird. Die häufig verwendete Anweisung, dass Türen immer im Fluchtrichtung zu öffnen sind, ist deshalb nur eingeschränkt richtig.

Karussell- und Schiebetüren, die ausschließlich manuell betätigt werden, sind in Fluchtwegen unzulässig. Automatische Türen und Tore sind im Verlauf von Fluchtwegen grundsätzlich unzulässig.

Türen im Verlauf von Fluchtwegen und Notausstiegen müssen sich leicht und ohne besondere Hilfsmittel öffnen lassen, solange Personen im Gefahrenfall auf die Nutzung des entsprechenden Fluchtweges angewiesen sind.

Leicht zu öffnen bedeutet, dass die Öffnungseinrichtung gut erkennbar und an zugänglicher Stelle angebracht (insbesondere Entriegelungshebel bzw.-Knöpfe zur Handbetätigung von automatischen Türen), sowie dass die Betätigungsart leicht verständlich und das Öffnen nur mit geringer Kraft möglich ist.

Ohne besondere Hilfsmittel bedeutet, dass die Tür im Gefahrenfall unmittelbar von jeder Person geöffnet werden kann.

Verschließbare Türen und Tore im Verlauf von Fluchtwegen müssen jederzeit von innen ohne besondere Hilfsmittel leicht zu öffnen sein. Dies ist gewährleistet, wenn sie mit besonderen mechanischen Entriegelungseinrichtungen, die mittels Betätigungselementen, z. B. Türdrücker, Panikstange, Paniktreibriegel oder Stoßplatte, ein leichtes Öffnen in Fluchtrichtung jederzeit ermöglichen, oder mit bauordnungsrechtlichen zugelassenen elektrischen Verriegelungssystemen Not-Auf-Taste die Funktion der oben genannten mechanischen Entriegelungseinrichtung. Bei Stromausfall müssen elektrische Verriegelungssysteme von Türen im Verlauf von Fluchtwegen selbstständig entriegeln.

Am Ende eines Fluchtweges muss der Bereich im Freien bzw. der gesicherte Bereich so gestaltet und bemessen sein, dass sich kein Rückstau bilden kann und alle über den

Fluchtweg flüchtenden Personen ohne Gefahren, zum Beispiel durch Verkehrswege oder öffentliche Straßen, aufgenommen werden können.

Treppen im Verlauf von ersten Fluchtwegen müssen, Treppen im Verlauf von zweiten Fluchtwegen sollen über gerade Läufe verfügen.

Fluchtwege dürfen keine Ausgleichsstufen enthalten. Geringe Höhenunterschiede sind durch Schrägrampen mit einer maximalen Neigung von 6 % auszugleichen.

Für Notausstiege sind erforderlichenfalls fest angebrachte Aufstiegshilfen zur leichten und raschen Benutzung vorzusehen (z. B. Podest, Treppe, Steigeisen oder Haltestangen zum Überwinden von Brüstungen) Notausstiege müssen im Lichten mindestens 0,90 m in der Breite und mindestens 1,20 m in der Höhe aufweisen.

Dachflächen, über die zweite Fluchtwege führen, müssen den bauordnungsrechtlichen Anforderungen an Rettungswege entsprechen (z. B. hinsichtlich Tragfähigkeit, Feuerwiderstandsdauer und Umwehrungen der Fluchtwege im Falle einer bestehenden Absturzgefahr).

Gefangene Räume dürfen als Arbeits-, Bereitschafts-, Liege-, Erste-Hilfe- und Pausenräume nur genutzt werden, wenn die Nutzung nur durch eine geringe Anzahl von Personen erfolgt und wenn folgende Maßgaben beachtet werden:

• Sicherstellung der Alarmierung im Gefahrenfall, z. B. durch eine automatische Brandmeldeanlage mit Alarmierung

oder

• Gewährleistung einer Sichtverbindung zum Nachbarraum, sofern der gefangene Raum nicht zum Schlafen genutzt wird und im vorgelagerten Raum nicht mehr als eine normale Brandgefährdung vorhanden ist.

Bei der Auslegung der ArbStättV ist in Folge verschiedener Urteile eine Klarstellung zur **Aufschlagrichtung von Türen** (in Absprache mit StMAS) erforderlich.

Bei einer Erstellung des Fluchtwegkonzeptes für Schulen und Kindertageseinrichtungen sind die Anforderungen der Arbeitsstättenverordnung zwingend zu berücksichtigen. In Notausgängen müssen sich die Türen nach außen öffnen lassen (siehe ArbStättV Punkt 2.3 „Fluchtwege und Notausgänge" Abs. 2 Satz 2).

Unter einem Notausgang wird ein Ausgang im Verlauf eines Fluchtweges verstanden, der direkt ins Freie oder in einen gesicherten Bereich führt. Ein gesicherter Bereich ist ein Bereich, in dem Personen vorübergehend vor einer unmittelbaren Gefahr für Leben und Gesundheit geschützt sind. Als gesicherte Bereiche gelten z. B. benachbarte Brandabschnitte oder notwendige Treppenräume.

Fluchtbalkone stellen keinen „gesicherten Bereich" oder das „Freie" im Sinne der Arbeitsstättenverordnung dar. Mit dem Begriff „ins Freie" im Sinne der ArbStättV ist ein Ort außerhalb der baulichen Einrichtungen gemeint, von dem aus die Flucht selbstständig in einen Bereich fortgesetzt werden kann, in dem die fluchtauslösende Gefahrensituation nicht wirksam werden kann. Der offene Gang (Fluchtbalkon) an der Außenfassade ist in der Regel nicht gegen einen Brandüberschlag durch die angrenzenden Fenster geschützt – das Bauordnungsrecht fordert meist nur, dass in einem offenen Gang die angrenzende Außenwand feuerhemmend ist – daher gelten Fluchtbalkone in der Regel nicht als „gesicherte Bereiche".

Somit können Türen, die auf einen Fluchtbalkon führen, nach innen aufschlagen.

Die sonstigen Fluchtweganforderungen wie z. B. Fluchtwegbreite und -höhe, Beleuchtung, Kennzeichnung usw. gelten auch für Fluchtbalkone und sind der ArbStättV mit den dazugehörigen (ASR) technischen Regeln für Arbeitsstätten zu entnehmen.

Fenstertüren im Verlauf von Fluchtwegen müssen den Anforderungen der ArbStättV entsprechen, u. a. hinsichtlich der leichten Öffnungsmöglichkeit, der Öffnungsrichtung und den Abmessungen. Ausgänge an Außenfassaden mit Fenstertüren, sog. Terrassentüren, verfügen in der Regel über eine Bodenschwelle zur Verhinderung des Eindringens witterungsbedingter Feuchtigkeit. Bodenschwellen sind Stolperstellen und damit im Verlauf von Fluchtwegen grundsätzlich unzulässig. Die

Türschwelle einer Terrassentür ist analog der Brüstung eines Fensters nur in einem Notausstieg, also im Verlauf eines zweiten Fluchtweges, zulässig, sofern sichergestellt ist, dass die darauf angewiesenen Personen diesen Fluchtweg jederzeit in der erforderlichen Zeit selbstständig nutzen können.

Im Zuge der Forderung nach Barrierefreiheit in öffentlichen Bauten sollten Türen ohne Türschwellen verbaut werden, zur Überwindungserleichterung von Rollatoren und Rollstühlen.

Diese Klarstellung war wichtig, da vermehrt Urteile zu den Regelungen in der ArbStättV ergangen sind.

das **Verwaltungsgericht Münster** entschied in einem Urteil vom 22. Juni 2016 (Az.: 9 K 1985/15):

Nach innen öffnende Fluchttüren rechtfertigen Beschäftigungsverbot

Der Tenor des Gerichts: Regelung in der ArbStättV ist eindeutig und lässt keinen Entscheidungsspielraum.

Fluchttüren in Büroräumen müssen in Fluchtrichtung, also nach außen aufschlagen – sonst ist ein sofortiges Beschäftigungsverbot möglich.

Die Fluchtwegsituation müsse nach der Arbeitsstättenverordnung gestaltet sein. Die Fluchttüren müssen sich nach außen öffnen lassen. Nach innen öffnende Fluchttüren würden in einer Notsituation den Stress der Flüchtenden erhöhen und die Flucht extrem erschweren.

Die Bezirksregierung Münster hatte eine Ordnungsverfügung erlassen, nach der niemand in einem Gebäude arbeiten durfte, in dem sich die Fluchttüren nur in die falsche Richtung öffnen ließen. Es sollten erst in die richtige Richtung öffnende Türen eingebaut werden. Das betroffene Unternehmen hatte dagegen geklagt mit dieser Argumentation: Durch die nach innen öffnenden Fluchttüren würden die Sicherheit und die Gesundheit der Beschäftigten nicht gefährdet. In dem Bürobetrieb in einem modernisierten Gebäude gebe es weder besondere Brandgefahren noch sei es bei 5 bis 7 Beschäftigten möglich, dass sich im Evakuierungsfall ein Stau beziehungsweise eine Traube vor der Tür bilde.

Das Gericht fand jedoch, dass die Klägerin eine sie als Arbeitgeberin treffende Pflicht nicht erfülle. Nach dem eindeutigen Wortlaut der Arbeitsstättenverordnung müssten sich Türen von Notausgängen zwingend immer nach außen öffnen lassen. Egal, wie viele Personen sich regelmäßig in der Arbeitsstätte aufhielten. Eine Abwägung im Einzelfall sei nicht möglich, eine Feststellung einer konkreten Gefahr nicht mehr erforderlich. Türen von Notausgängen, die sich nicht nach außen öffnen ließen, stellten nach der in der Arbeitsstättenverordnung getroffenen Wertung immer eine Gefahr dar.

Das sofortige Verbot der Beschäftigung von Arbeitnehmern im betroffenen Gebäude sah das Gericht als rechtmäßig an. Die Behörde sei nicht verpflichtet gewesen, eine Frist für die Ausführung zu setzen. Es habe **Gefahr im Verzug** vorgelegen, weil die nach innen öffnende Tür im Unglücksfall eine Flucht aus dem Gebäude hätte erschweren oder verlangsamen können. In einem derartigen, jederzeit möglichen Unglücksfall käme ein Eingreifen der Behörde immer zu spät.

Dimensionierung bei Sonderbauten
Nachfolgend eine Zusammenfassung der wichtigsten Masse von Flucht- und Rettungswegen bei Sonderbauten.

Hochhäuser
Länge: keine Abweichung von Landesbauordnungen (LBO)   ≤35,00 m
lichte Breite eines jeden Teils von Rettungswegen   ≥1,20 m
lichte Breite Türen aus Nutzungseinheiten auf notwendige   ≥0,90 m
Flure

Versammlungsstätten

Länge: von jedem Besucherplatz (Versammlungsraum oder Tribüne)	$\leq$30,00 m
und jeder Stelle einer Bühne bis zum nächsten Ausgang; bei $\geq$5,00 m lichter Höhe je +2,50 m Höhe (über der zu entrauchenden Ebene) Länge zusätzlich 5,00 m, maximal 60,00 m (=20,00 m Höhe);	$\leq$30,00 m
von jeder Stelle eines notwendigen Flures	$\leq$30,00 m
und von jeder Stelle eines Foyers Entfernung ins Freie oder zum Treppenraum	$\leq$30,00 m
Breite im Freien sowie Sportstadien Personen	$\geq$1,20 m pro 600
Breite von anderen Versammlungsstätten Personen	$\geq$1,20 m pro 200
Staffelungen in Schritten von	0,60 m
Rettungswege von Versammlungsräumen Besucherplätzen	$\leq$200
und bei Rettungswegen im Bühnenhaus: lichte Breite	$\geq$0,90 m
Rettungswege von Arbeitsgalerien	$\geq$0,80 m

Verkaufsstätten

Länge: von jeder Stelle eines Verkaufsraumes	$\leq$25,00 m
und eines sonstigen Raumes oder einer Ladenstraße Entfernung zum Ausgang ins Freie oder Treppenraum (Entfernung in Luftlinie, jedoch nicht durch Bauteile)	$\leq$35,00 m
Rettungsweg über eine Ladenstraße: zusätzlich bei Rauchabzugsanlagen und wenn zweiter Rettungsweg nicht über diese Ladenstraße führt	$\leq$35,00 m,
Verkaufsstätten mit Sprinkleranlagen oder erdgeschossige Verkaufsstätten: zusätzlich	$\leq$35,00 m
Von jeder Stelle eines Verkaufsraumes Hauptgang oder Ladenstraße Entfernung in Luftlinie	$\leq$10,00 m

Beherbergungsstätten

Länge: keine Abweichung von LBO	$\leq$35,00 m

Breite: keine Abweichung von LBO

Industriebauten

Breite der Hauptgänge:	$\geq 2,00$ m
Von jeder Stelle eines Produktions- oder Lagerraumes maximal	$\leq 15,00$ m

zum Hauptgang

Von jeder Stelle eines Produktions- oder Lagerraums mit mittlerer, lichter Raumhöhe unter 5,00 m zum Ausgang ins Freie oder zum notwendigen Treppenraum oder einem anderen Brand- und Brandbekämpfungsabschnitt: höchstens Lauflänge	$\leq 35,00$ m
Von jeder Stelle eines Produktions- oder Lagerraumes mit mittlerer, lichter Raumhöhe über 10,00 m zum Ausgang ins Freie oder zum notwendigen Treppenraum oder einem anderen Brand- und Brandbekämpfungsabschnitt: höchstens Lauflänge	50,00 m
Mit Brandmeldeanlage und/oder Feuerlösch- und Alarmierungsanlage: Ausgang ins Freie, notwendiger Treppenraum, anderer Brand- oder Brandbekämpfungsabschnitt bei mittlerer, lichten Raumhöhe unter 5,00 m höchstens Lauflänge	50,00 m,
Räume mittlerer, lichter Raumhöhe über 10,00 m höchstens	70,00 m

Schulbauten

Länge: keine Abweichung von LBO	≤35,00 m
Breite: Ausgänge von Unterrichtsräumen und sonstigen Aufenthaltsräumen, notwendige Flure, notwendige Treppen Benutzer,	≥1,20 m pro 200
Staffelungen in Schritten Breite bei Ausgängen von Unterrichtsräumen und	0,60 m
sonstigen Aufenthaltsräumen	≥0,90 m
Breite notwendige Flure	≥1,50 m
Breite notwendige Treppen	≥1,20 m

Krankenhäuser und Pflegeheime
i. d. R. keine Abweichung von den LBO
 Abweichende Auflagen sind situationsbedingt möglich.

Holzbauten
keine Abweichung von den LBO.

Garagen

Oberirdische Mittel- und Großgaragen: nur ein Rettungsweg, wenn Ausgang ins Freie	$\leq 10,00$ m
Treppenräume für notwendige Treppen sind nicht erforderlich, wenn über der Geländeoberfläche	$\leq 3,00$ m
Von jeder Stelle einer Mittel- und Großgarage muss in demselben Geschoss ein Ausgang in den Treppenraum, eine notwendige Treppe oder ins Freie führen, bei offenen Mittel- und Großgaragen	$\leq 50,00$ m
und bei geschlossenen Mittel- und Großgaragen (Entfernung in Luftlinie, jedoch nicht durch Bauteile verengt)	$\leq 30,00$ m

ggf. gelten abweichende Regelungen in verschiedenen Bundesländern.

Sicherheitsbeleuchtung

4

Sowohl der erste, als auch der zweite Fluchtweg, müssen laut Arbeitsstätten-richtlinie mit einer Sicherheitsbeleuchtung ausgestattet sein. Für den Fall, dass die Allgemeinbeleuchtung im Betrieb ausfällt, dient die Sicherheitsbeleuchtung dazu, Unfälle zu vermeiden und das gefahrlose Verlassen der Arbeitsstätte zu ermöglichen.

Sind die Fluchtwege breiter als 3,60 m, müssen die Fluchtwege auf beiden Seiten gekennzeichnet sein. Die optischen Sicherheitsleitsysteme (Sicherheits-beleuchtung) müssen bodennah an der Wand angebracht werden. Dabei darf die Oberkante nicht höher als 40 cm über dem Fußboden liegen. Rettungs-kennzeichen, die an der Wand montiert sind, bieten keinen Ersatz. Optische Sicherheitssysteme erfolgen elektrisch und lang nachleuchtend. Dies bedeu-tet, dass die Systeme auch nach einer an Erregung durch Licht ohne weitere Energiezufuhr nachleuchten (fluoreszierend).

Sowohl ortskundige Mitarbeiter als auch Gäste und Besucher müssen sich im Notfall so schnell wie möglich in Sicherheit bringen können, wozu Flucht- und Rettungswege normgerecht beleuchtet und entsprechend gekennzeichnet sein müssen.

© Der/die Autor(en), exklusiv lizenziert durch Springer Fachmedien
Wiesbaden GmbH, ein Teil von Springer Nature 2021
A. Merschbacher, *Flucht- und Rettungswege*,
https://doi.org/10.1007/978-3-658-32845-0_4

Nach der DIN EN 1838 ist die Sicherheitsbeleuchtung für Flucht- und Rettungswege der „Teil der Sicherheitsbeleuchtung, der es ermöglicht, Rettungseinrich-
tungen eindeutig in allen Situationen zu erkennen und diese sicher benutzen zu
können. In den Technischen Regel für Arbeitsstätten (ASR A2.3) ist vorgeschrieben, dass „Fluchtwege mit einer Sicherheitsbeleuchtung auszurüsten sind, wenn
bei Ausfall der allgemeinen Beleuchtung das gefahrlose Verlassen der Arbeitsstätte nicht gewährleistet ist". Während die Normen den Begriff „Rettungswege"
verwenden, spricht die ASR von „Fluchtwegen". Diese beiden Begriffe bedeuten
aber weitgehend dasselbe.

Rettungswege beziehen sich laut DIN-Norm stets auf Streifen von zwei Meter
Breite. Werden aufgrund erhöhten Personenaufkommens breitere Wege benötigt,
so werden insgesamt mehrere Zweimeterstreifen benötigt.

Die wichtigsten grundlegenden lichttechnischen Anforderungen lauten nach
Norm und ASR A3.4/3:

- Auf der Mittelachse des Flucht- und Rettungsweges muss die horizontale
  Beleuchtungsstärke mindestens ein Lux betragen – gemessen in einer Höhe
  bis 20 cm (ASR), besser in zwei Zentimeter Höhe (DIN EN 1838) über der
  Laufebene. Im Abstand von einem halben Meter nach links und rechts von der
  Mittellinie darf die Beleuchtungsstärke jeweils um 50 % abnehmen (ASR).

- Innerhalb von 15 s nach Ausfall der Allgemeinbeleuchtung muss die Sicherheitsbeleuchtung hundert Prozent Lichtleistung erreicht haben. Da Aggregate mit Verbrennungsmotoren jedoch meist eine Umschaltzeit von 15 s haben, eignen sich dafür nur batteriegestützte Stromquellen.
- Der Farbwiedergabeindex der Lichtquellen sollte mindestens R_a 40 betragen, damit Sicherheitszeichen und ihre Farben gut erkannt werden können.

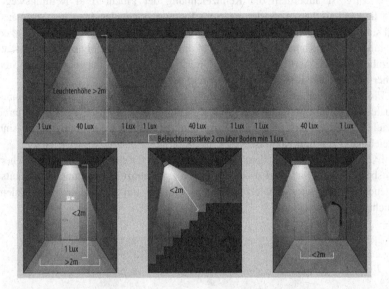

Das Verhältnis der größten zur kleinsten Beleuchtungsstärke entlang der Mittellinie darf den Wert 40:1 nicht überschreiten. Dies gilt für den ungünstigsten Fall, z. B. am Ende der Bemessungsbetriebsdauer zwischen zwei Leuchten. Der Grund: Bedingt durch die Trägheit des Auges (Adaptation) sind Hindernisse innerhalb oder im Verlauf des Fluchtweges bei zu hohen Hell-/Dunkelunterschieden schwerer erkennbar.

Die Zeitspanne zwischen dem Ausfall der Allgemeinbeleuchtung und dem Erreichen der erforderlichen Beleuchtungsstärke der Sicherheitsbeleuchtung sollte möglichst kurz sein. Die Bemessungsbetriebsdauer in Arbeitsstätten muss mindestens für eine Stunde gewährleistet sein. Andere Anwendungsbereiche sind durch ablesen aus der Tabelle zu ermitteln.

Zu hohe Lichtstärke, etwa durch frei strahlende Lichtquellen, kann Blendung hervorrufen. Sie wird bei der Beleuchtung der Rettungswege zum Problem, wenn dadurch Hindernisse oder Rettungszeichen nicht erkannt werden.

Bei horizontalen Fluchtwegen darf die Lichtstärke für alle Azimutwinkel (Winkel mit Draufsicht rundum) innerhalb der Zone von 60 bis 90 Grad gegen die Vertikale bestimmte Werte nicht überschreiten. Für alle anderen Rettungswege und Bereiche dürfen die Grenzwerte bei keinem Winkel überschritten werden.

Wichtig ist außerdem die Kennzeichnung der Flucht- und Rettungswege. Die lichttechnischen Anforderungen an Rettungszeichenleuchten bei Stromausfall sind festgelegt in der zuständigen DIN EN 1838. Ferner ist zu beachten, dass Rettungszeichenleuchten nach DIN 4844 auch unter den Bedingungen der Allgemeinbeleuchtung sich gut gegen die Umgebungshelligkeit abheben müssen und daher mit erhöhter Leuchtdichte zu betreiben sind.

Ein hinterleuchtetes Rettungszeichen muss bei vorhandener Allgemeinbeleuchtung die geforderten 500 cd/m2 Leuchtdichte in der weißen Kontrastfarbe erzielen. Weitere Kriterien zum Erreichen der nötigen Erkennungsweite sind Gleichmäßigkeit und Kontrast.

Explizit sind Sicherheitsleitsysteme kein Ersatz für eine normgerechte Sicherheitsbeleuchtung. Sie werden nur ergänzend zur Kennzeichnung und Sicherheitsbeleuchtung mit Rettungszeichenleuchten installiert, um die Orientierung auf dem Fluchtweg zu erleichtern.

Man unterscheidet:

- lang nachleuchtende Sicherheitsleitsysteme (Schilder),
- elektrisch betriebene Sicherheitsleitsysteme (an einer Sicherheitsstromquelle)
- dynamische Sicherheitsleitsysteme, die die Richtungsangaben je nach Lage von Gefahrenstellen „mitdenkend" verändern.

Werden Schilder und andere Leitsysteme als Leitsysteme eingesetzt, müssen diese an der Wand in bis zu maximal 40 cm Höhe oder direkt auf dem Boden montiert werden. Dadurch ermöglicht diese Art der Markierung es, den Flucht- und Rettungsweg mit Richtungsangaben kenntlich zu machen. Im Vergleich zur Kennzeichnung mit Rettungszeichenleuchten haben optische Leitsysteme den Nachteil, dass die Markierungen nicht in Sichthöhe angebracht sind. Laufen dann Personen vorweg, verdecken sie die niedrig angebrachten Wegweiser für nachfolgend Flüchtende.

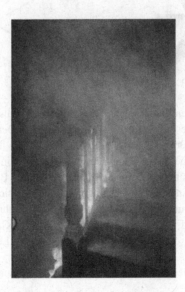

Eine Sicherheitsbeleuchtung ist auch bei Unfallgefahr, bzw. Unfallquellen notwendig. Das gilt vorwiegend für Niveauunterschiede, Treppen und Hindernisse auf dem Flucht- und Rettungsweg, die so besser erkennbar sind und vor gefährlichen Stürzen schützen. Die optischen Systeme sind vorgeschrieben, wenn im Brandfall eine Verrauchung nicht ausgeschlossen werden kann und Flucht- und Rettungswege breiter als 3,6 m sind.

Eine Sicherheitsbeleuchtung kann nur dann als sicher gelten, wenn die eingesetzten Sicherheitsleuchten von einwandfreier Qualität sind. Durch normgerechte
Produkte und einen fachgerechten Einbau werden bei der Flucht Menschenleben
geschützt.

Die Anforderungen an Sicherheitsleuchten und ihre Betriebssicherheit sind in
DIN EN 60598-1, DIN EN 60598-2-22 und DIN EN 62034 genormt.

Das CE-Zeichen ist dabei kein Prüfzeichen, aber es ist zwingend erforderlich
für das Inverkehrbringen von Produkten innerhalb der EU. Damit dokumentieren
Hersteller und Importeure, dass ihre Produkte den „grundlegenden Anforderungen" relevanter EU-Richtlinien entsprechen (z. B. Niederspannungs- und
EMV-Richtlinie). Optional wird das Prüfzeichen ENEC verwendet.

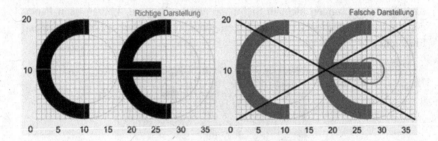

Ein rechteckiger Balken (unterteilt in drei oder vier Abschnitte) gibt codiert
den Typ (Einzelbatterie oder zentrale Versorgung), die Betriebsart (z. B. 0 für
Sicherheitsleuchte in Bereitschaftsschaltung), eingebaute Einrichtungen (z. B.
Prüfeinrichtung) und die Bemessungsbetriebsdauer in Minuten an. Bei Einzel-
batterieleuchten ist dies beispielsweise 60 für eine Stunde Betriebsdauer.

Die herstellerunabhängige Kennzeichnung ist deutlich sichtbar an der Leuchte
anzubringen; bei Einbauleuchten ist auch eine Kennzeichnung in der Leuchte
erlaubt. Zusätzlich sind Anschlussspannung und die IP-Klasse anzugeben. Das
Typenschild informiert optional über Stoßfestigkeit und Leuchtenlichtstrom im
Notbetrieb.

Zu den Qualitätskriterien einer Sicherheitsleuchte zählen außer dem Prüfzeichen

- sichere Funktionalität im Notfall,
- optimale Lichttechnik für die Ausleuchtung von Sicherheitszeichen und
  Fluchtwegen,
- Energieeffizienz im Netz- und Notbetrieb,
- Montage- und Wartungsfreundlichkeit für geringe Wartungskosten,
- Recyclingfähigkeit am Ende der Lebensdauer.

Sicherheitsleuchten und Rettungszeichen sind häufig rund um die Uhr im Einsatz, daher haben sich langlebige, effiziente und wartungsarme LED-Lösungen durchgesetzt. Mit zusätzlichen Optiken und Reflektoren kann die Anzahl der installierten Leuchten unter Einhaltung der normativen Vorgaben reduziert werden.

Neben Rettungszeichenleuchten zur Kennzeichnung müssen auch Sicherheitsleuchten zur Beleuchtung des Rettungsweges installiert werden. Dafür gibt es zwei Varianten:

- Eigenständige Sicherheitsleuchten, deren Lichtverteilung auf diese Aufgabe abgestimmt ist.
- Leuchten, die im Normalfall für die Allgemeinbeleuchtung eingesetzt werden und bei Netzausfall als Sicherheitsleuchte fungieren.

Beste Leistung bieten eigenständige Sicherheitsleuchten, wenn:

- ihr Licht wird entsprechend weit verteilt.
- die vorgeschriebene Gleichmäßigkeit auch bei großen Montageabständen erreicht wird.
- Leuchtmittel wie Hochleistungs-LEDs haben einen geringen Energieverbrauch.

Weil die Installation separater Sicherheitsleuchten zusätzlichen Montageaufwand bedeutet, favorisieren einige Bauherren Leuchten mit Doppelfunktion. Ihre Nachteile:

- Da diese Leuchten nicht speziell für die Sicherheitsbeleuchtung nach DIN EN 1838 entwickelt wurden, bieten sie keine optimale Lichtverteilung für die Ausleuchtung von Flucht- und Rettungswegen.
- Es sind geringere Montageabstände notwendig, um die vorgeschriebene Gleichmäßigkeit zu erreichen.
- Der Energieverbrauch und die damit vorzuhaltende Notstromkapazität können um ein Vielfaches höher sein als bei eigenständigen LED-Sicherheitsleuchten.

Wird eine bestehende Anlage umgerüstet, so stellen sich Fragen nach der Verantwortlichkeit für die Konformität der umgerüsteten Leuchten und die technischen, insbesondere sicherheitstechnischen Folgen.

Das gilt auch für die Nach- bzw. Umrüstung von Leuchten der Allgemeinbeleuchtung zu Sicherheitsleuchten mit anderen Komponenten, wie z. B. der Einbau von:

- Not-EVG zur Reduzierung des Lichtstroms und des Energieverbrauchs im Notbetrieb,

- Umschaltmodulen zum Schalten zwischen Netz- und Notstromversorgung,
- Einzelbatteriepacks als Notstromversorgung der Leuchte bei Netzausfall,
- LED-Retrofits oder Konversions-LED-Lampen.

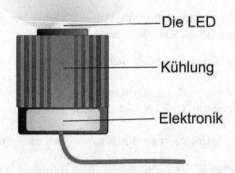

Die Konformitätsbewertung, einschließlich der CE-Kennzeichnung und eventueller Prüfzeichen der ursprünglichen Leuchten, gilt für den Zustand des Inverkehrbringens und damit im Rahmen der vom Leuchtenhersteller vorgesehenen Verwendung einschließlich der von ihm vorgesehenen Lampenarten. Beides ist in der Regel in Datenblättern oder Betriebsanleitungen beschrieben.

Bei der Umrüstung mit Konversionslösungen findet eine wesentliche Veränderung an den Leuchten statt, die daraus ein „neues Produkt" macht. Zudem müssen bei einer Umrüstung vorhandener Leuchten auf LED-Retrofits oder Konversions-LED-Lampen aufgrund des Sicherheitsaspektes die lichttechnischen Eigenschaften der Leuchte weiter eingehalten werden.

Beim Betreiber oder seinem Beauftragten für den Umbau liegt die Verpflichtung zu einer fachgerechten Ausführung unter Einhaltung des Standes der Technik für die Sicherheit und der elektromagnetischen Verträglichkeit (EMV). Gegebenenfalls muss der Beweis durch eine entsprechende Dokumentation erbracht werden. In allen Fällen sind die Typenschilder zu aktualisieren.

Die **Arbeitsstättenverordnung** fordert:

2.3 Fluchtwege und Notausgänge

(1) Sie sind mit einer Sicherheitsbeleuchtung auszurüsten, wenn das gefahrlose Verlassen der Arbeitsstätte für die Beschäftigten, insbesondere bei Ausfall der allgemeinen Beleuchtung, nicht gewährleistet ist.

3.4 Beleuchtung und Sichtverbindung

(3) Arbeitsstätten, in denen die Beschäftigten bei Ausfall der Allgemeinbeleuchtung Unfallgefahren ausgesetzt sind, müssen eine ausreichende Sicherheitsbeleuchtung haben.

Unabhängig von der Verordnung kann eine Sicherheitsbeleuchtung z. B. in Arbeitsstätten erforderlich sein

- mit großer Personenbelegung, hoher Geschosszahl, Bereichen erhöhter Gefährdung oder unübersichtlicher Fluchtwegführung
- die durch ortsunkundige Personen genutzt werden

- in denen große Räume durchquert werden müssen (z. B. Hallen, Großraumbüros oder Verkaufsgeschäfte)
- ohne Tageslichtbeleuchtung, wie z. B. bei Räumen unter Erdgleiche.

ASR A3.4/3: Sicherheitsbeleuchtung, optische Sicherheitsleitsysteme

- Die Sicherheitsbeleuchtung ist eine Beleuchtung, die dem gefahrlosen Verlassen der Arbeitsstätte und der Verhütung von Unfällen dient, die durch Ausfall der künstlichen Allgemeinbeleuchtung entstehen können.
- Optische Sicherheitsleitsysteme sind durchgehende Leitsysteme, die mithilfe optischer Kennzeichnungen und Richtungsangaben einen sicheren Fluchtweg vorgeben.

Die **Muster-Versammlungsstättenverordnung** sagt:
Eine Sicherheitsbeleuchtung muss vorhanden sein

- in notwendigen Treppenräumen, in Räumen zwischen notwendigen Treppenräumen und Ausgängen ins Freie und in notwendigen Fluren
- in Versammlungsräumen sowie in allen übrigen Räumen für Besucher (z. B. Foyers, Garderoben, Toiletten)
- für Bühnen und Szenenflächen

- in den Räumen für Mitwirkende und Beschäftigte mit mehr als 20 m^2 Grundfläche, ausgenommen Büroräume
- in elektrischen Betriebsräumen, in Räumen für haustechnische Anlagen sowie in Scheinwerfer- und Bildwerferräumen
- in Versammlungsstätten im Freien und Sportstadien, die während der Dunkelheit benutzt werden
- für Sicherheitszeichen von Ausgängen und Rettungswegen
- für Stufenbeleuchtungen
- In betriebsmäßig verdunkelten Versammlungsräumen, auf Bühnen und Szenenflächen muss eine Sicherheitsbeleuchtung in Bereitschaftsschaltung vorhanden sein.
- Die Ausgänge, Gänge und Stufen im Versammlungsraum müssen auch bei Verdunklung unabhängig von der übrigen Sicherheitsbeleuchtung erkennbar sein.
- Bei Gängen in Versammlungsräumen mit auswechselbarer Bestuhlung sowie bei Sportstadien mit Sicherheitsbeleuchtung ist eine Stufenbeleuchtung nicht erforderlich.

Weitere Verordnungen sind, in denen Sicherheitsbeleuchtung vorhanden sein muss:

Muster-Beherbergungsstättenverordnung

- in notwendigen Fluren und in notwendigen Treppenräumen
- in Räumen zwischen notwendigen Treppenräumen und Ausgängen ins Freie
- für Sicherheitszeichen, die auf Ausgänge hinweisen
- für Stufen in notwendigen Fluren

Muster-Garagenverordnung

- in geschlossenen Großgaragen, ausgenommen eingeschossige Großgaragen mit festem Benutzerkreis, zur Beleuchtung der Rettungswege

Zu den Rettungswegen gelten im Allgemeinen:

- Fahrgassen
- Gehwege neben Zu- und Abfahrten
- Treppen und zu den Ausgängen führende Wege

Muster-Hochhausrichtlinie

- in Rettungswegen
- in Vorräumen von Aufzügen
- für Sicherheitszeichen von Rettungswegen.
- Rettungswege müssen durch Sicherheitszeichen dauerhaft und gut sichtbar gekennzeichnet sein.
- Die Sicherheitsbeleuchtung kann nicht durch selbstleuchtende Sicherheitszeichen ersetzt werden; diese sind jedoch ergänzend zulässig.
- Aus der Arbeitsstättenverordnung können sich weitere Anforderungen ergeben.

Musterbauordnung § 35 Abs. 7

Innenliegende Treppenräume in Gebäuden h ≥ 13 m

- Innenliegende notwendige Treppenräume müssen in Gebäuden mit einer Höhe nach § 2 Abs. 3 Satz 2 von mehr als 13 m eine Sicherheitsbeleuchtung haben.
- § 2 Abs. 3 Satz 2: Höhe ist das Maß der Fußbodenoberkante des höchstgelegenen Geschosses, in dem ein Aufenthaltsraum möglich ist, über der Geländeoberfläche im Mittel.

- Der Begriff Hochhaus wird gem. MBO erst für Gebäude mit einer Höhe von mehr als 22 m verwendet.

Muster-Schulbau-Richtlinie

- in Hallen, durch die Rettungswege führen
- in notwendigen Fluren
- in notwendigen Treppenräumen
- in fensterlosen Aufenthaltsräumen

Muster-Krankenhausbauverordnung Ersatzstromversorgung:

- Zur Aufrechterhaltung des Krankenhausbetriebes bei Ausfall der allgemeinen Stromversorgung müssen die folgenden Einrichtungen (Verbraucher) über eine sich selbsttätig innerhalb von 15 s einschaltende Ersatzstromversorgung für eine Dauer von mindestens 24 h weiterbetrieben werden können:
  - Sicherheitsbeleuchtung
  - die Beleuchtung der inneren und, soweit erforderlich, der äußeren Verkehrswege.
  - die beleuchteten Schilder zur Kennzeichnung der Rettungswege,
  - die Beleuchtung aller für die Aufrechterhaltung des Krankenhausbetriebes notwendigen Räume für die Unterbringung, Pflege, Untersuchung und Behandlung von Kranken. In jedem Raum muss mindestens eine Leuchte weiterbetrieben werden können.

Wichtig für nachträgliche Baumaßnahmen ist, dass die Fluchtwegebeleuchtung mit bestehenden Leuchtensystemen kombiniert werden kann. Es können einzelne Lampen der Allgemeinbeleuchtung übernommen werden, die dann im Notbetrieb die Beleuchtung des Rettungsweges übernehmen. Der Vorteil liegt in einem einheitlichen Deckenbild und erfordert keinen zusätzlichen Leuchtenbedarf. Nachteilig ist oftmals der höhere Anschlusswert der integrierten Lösung. Häufig werden solche Systeme auch bei der Nachrüstung einer Sicherheitsbeleuchtung in bestehenden Objekten verwendet.

Bei zentral versorgten Systemen genügt meist ein entsprechendes Betriebsgerät. Im Notbetrieb kann die Lampe dann, je nach Betriebsgerät, entweder mit vollem oder mit vorgegebenem Lichtstrom betrieben werden. Bei Einzelbatteriesystemen werden Akku und Elektronik in die Leuchten integriert. So wird die Lampe im Notbetrieb mit einem reduzierten Lichtstrom betrieben. Bei integrierten Leuchtensystemen ist die Sicherheitsbeleuchtung als getrennte Einheit in eine Leuchte für die Allgemeinbeleuchtung integriert. Somit entsteht ein einheitliches Deckenbild und die Sicherheit wird erhöht. Wurden in früheren Zeiten hierfür häufig einfache Glühlampen verwendet, fällt die Wahl heute häufig auf Lösungen mit LEDs. Diese sind wesentlich kleiner und haben eine geringere Leistungsaufnahme. Auch bei kombinierten Leuchten sind sowohl Einzelbatterie- wie auch zentral versorgte Systeme möglich.

Man unterscheidet:

Einzelbatterieanlage (EB)

- bestehend aus einer wartungsfreien Batterie und einer Lade- und Kontrolleinrichtung
- versorgt hinterleuchtete Sicherheitszeichen oder Sicherheitseinrichtungen

Stromversorgungssystem mit Leistungsbegrenzung (LPS Low Power System)

- begrenzte Ausgangsleistung
- besteht aus einer Batterie und einer Lade- und Kontrolleinrichtung
- versorgt notwendige Sicherheitseinrichtungen bis zu einer Anschlussleistung von 1500 W bei 1 h oder 500 W bei 3 h Nennbetriebsdauer

Zentrales Stromversorgungssystem (CPS, Central Power System)

- Batterieanlage ohne Leistungsbegrenzung
- besteht aus einer Batterie sowie einer Lade- und Kontrolleinrichtung
- versorgt die notwendigen Sicherheitseinrichtungen

Stromerzeugungsaggregate (SA)
Unterbrechungsfrei (0 s)
versorgt bei Ausfall der allgemeinen Stromversorgung die Sicherheitseinrichtungen ohne Unterbrechung mit elektrischer Energie.

Mit kurzer Unterbrechung (<0,5 s)
versorgt maximal 0,5 s nach Ausfall der allgemeinen Stromversorgung die Sicherheitseinrichtungen mit elektrischer Energie.

Mit mittlerer Unterbrechung (<15 s)
versorgt maximal 15 s nach Ausfall der allgemeinen Stromversorgung die Sicherheitseinrichtungen mit elektrischer Energie und wird bei Ausfall der allgemeinen Stromversorgung aus dem Stillstand aktiviert

- eventuell sind für das Erreichen der Mindestbeleuchtungsstärke innerhalb des vorgeschriebenen Zeitrahmens Zusatzmaßnahmen erforderlich, zum Beispiel weitere Sicherheitsstromquellen

Duales System
erfordert separate, voneinander unabhängige Einspeisungen aus dem Versorgungsnetz und darf nur als Stromquelle für Sicherheitszwecke verwendet werden, wenn eine Zusicherung besteht, dass ein gleichzeitiger Ausfall beider Einspeisungen unwahrscheinlich ist.

Sicherheitsbeleuchtungsanlagen werden immer unscheinbar im Hintergrund betrieben. Umso wichtiger ist es, dass die Komponenten im Ernstfall funktionieren und allen Personen ein gefahrloses Verlassen der Räumlichkeiten ermöglichen. Eine gewissenhafte Wartung ist also unabdingbar.

Das Prüfbuch

Die deutsche Norm DIN V VDE V 0108 Teil 100 stellt genaue Anforderungen an die Prüfung der Sicherheitsbeleuchtungsanlagen. Damit alle Tests und Wartungsarbeiten an der Anlage auch nachvollziehbar sind, ist ein Prüfbuch vorgeschrieben. Dieses darf handschriftlich oder als Ausdruck einer automatischen Prüfeinrichtung geführt werden.

Folgende Informationen muss es mindestens enthalten:

- Datum der Inbetriebnahme
- Datum jeder Prüfung
- Datum und kurzgefasste Details über jede Wartung und Prüfung
- Datum und kurzgefasste Details über jeden Fehler sowie die durchgeführte Abhilfemaßnahme
- Datum und kurzgefasste Details jeder Änderung an der Anlage

Wird die Prüfung automatisch durchgeführt, ist die Aufzeichnung im Prüfbuch monatlich zu protokollieren. Ansonsten sind die Prüfungen direkt nach der
Durchführung aufzuzeichnen.

Wartung und Prüfung
Der Betreiber des Gebäudes bestimmt eine zuständige Person, welche die Wartung der Sicherheitsbeleuchtungsanlage überwacht. Nach der erfolgten Prüfung
durchlaufen die Leuchten eine Wiederaufladeperiode. In dieser Zeit ist ein Ausfall der Allgemeinbeleuchtung nicht auszuschließen. Die Prüfung sollte deshalb
zu Zeiten geringen Risikos durchgeführt werden. Dies können zum Beispiel
Betriebsruhezeiten sein.

**Nach DIN V VDE V 0108-100:2010-08 müssen zusätzlich folgende Wartungs-
arbeiten durchgeführt werden**

Erstprüfung

- Messung der lichttechnischen Werte
- Erstprüfung nach DIN VDE 0100-600und in Anlehnung an die Folgenorm der
  DIN VDE 0100-560:1995-07, zz. E DIN VDE 0100-560:2007-12

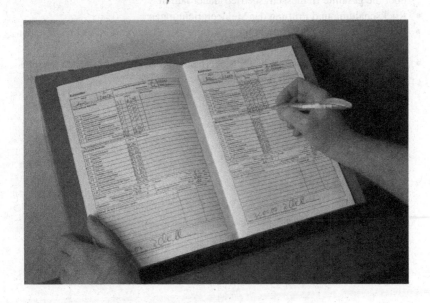

Tägliche Prüfung

- Sichtprüfung der Anzeigen (nur bei CPS oder LPS)

Wöchentliche Prüfung

- Funktionsprüfung durch Zuschalten der Stromquelle für Sicherheitszwecke inklusive Prüfung der Funktion der Leuchten

Monatliche Prüfung

- Simulation eines Ausfalls der Versorgung, Rückschaltung und Prüfung der Anzeigen und Meldegeräte
- bei LPS- oder CPS-Systemen Prüfung der Überwachungseinrichtung
- Funktionstest für Verbrennungsmaschinen über die Nennbetriebsdauer (mind. 50 % der Nennleistung)

Jährliche Prüfung

- Bemessungsbetriebsdauertest. Die Prüfung muss manuell ausgelöst werden und über die gesamte Bemessungsbetriebsdauer laufen.
- Rückschaltung und Prüfung der Meldeeinrichtungen.
- Überprüfung der Ladeeinrichtung. Prüfung der Batterien, Kapazitätstest der Batterieanlagen
- Prüfung der an die Stromquelle für Sicherheitszwecke angeschlossenen Leistungen hinsichtlich Kapazität der Stromquelle

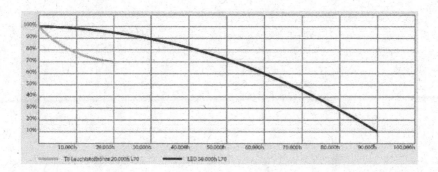

3-jährliche Prüfung

- Messung der Beleuchtungsstärken nach DIN EN 1838

Behinderten-Anforderungen

5

In der Arbeitsstättenverordnung (ArbStättV) wird im § 3a Absatz 2 aufgeführt, dass Arbeitgeber, die Menschen mit Behinderungen beschäftigen, Arbeitsstätten so einzurichten und zu betreiben haben, dass die besonderen Belange dieser Beschäftigten im Hinblick auf Sicherheit und Gesundheitsschutz stets berücksichtigt werden. Bei der Beschäftigung von Behinderten ist es folglich erforderlich, dass diese im Gefahrenfall **selbständig** die Fluchtwege nutzen können. Dies gilt insbesondere für die barrierefreie Gestaltung von Arbeitsplätzen, Sanitär-, Pausen- und Bereitschaftsräumen, Kantinen, Erste-Hilfe-Räumen und Unterkünften sowie den zugehörigen Türen, Verkehrswegen, Fluchtwegen, Notausgängen, Treppen und Orientierungssystemen, die von den Beschäftigten mit Behinderungen benutzt werden.

Bei den Details zur Breite von Fluchtwegen und Türen im Verlauf von Fluchtwegen ist auf die Breite der einzelnen Rollstühle (Mechanisch oder elektrisch) zu achten. Weitere Anforderungen an Verkehrswege, Fluchtwege und Notausgänge werden in der ArbStättV in § 4 Absatz 4 und im Anhang nach § 3 Absatz 1 unter der Nummer 2.3 genannt. Konkretisiert sind die Anforderungen der ArbStättV in den Technischen Regeln für Arbeitsstätten (ASR), hier insbesondere die ASR A2.3 „Fluchtwege und Notausgänge, Flucht- und Rettungsplan" und die ASR V3a.2 „Barrierefreie Gestaltung von Arbeitsstätten".

© Der/die Autor(en), exklusiv lizenziert durch Springer Fachmedien
Wiesbaden GmbH, ein Teil von Springer Nature 2021
A. Merschbacher, *Flucht- und Rettungswege*,
https://doi.org/10.1007/978-3-658-32845-0_5

Werden Behinderte Rollstuhlfahrer in Obergeschossen von Gebäuden beschäftigt, obwohl davon auszugehen ist, dass der Mitarbeiter mit Rollstuhl diese nicht alleine verlassen kann (Ein Aufzug scheidet im Brandfall aus), ist es betriebsorganisatorisch zu regeln, dass dem Rollstuhlfahrer eine Bezugsperson (zuständige Person) zugeteilt wird. Es ist also verbindlich zu regeln, wer für wen im Notfall zuständig ist (insbesondere gilt dies auch für Ausfalltage). Eine weitere Möglichkeit zur Rettung von Personen ist der Einbau von Notrutschen. Bei der Planung ist unter anderem der Grad der Behinderung zu beachten. Außerdem erfordert die Benutzung dieser Rutschen eine gewisse Übung.

Rollstuhltaugliche Fluchtwege müssen als solche entsprechend gekennzeichnet werden, damit Rollstuhlfahrer diese erkennen und im Notfall auch benutzen.

Nach § 5 Arbeitsschutzgesetz (ArbSchG) in Verbindung mit § 3 ArbStättV hat der Arbeitgeber an den Arbeitsplätzen eine Gefährdungsbeurteilung durchzuführen. Auf der Basis der Ergebnisse der Gefährdungsbeurteilung hat dann der Arbeitgeber alle erforderlichen Maßnahmen des Arbeitsschutzes zu treffen. Hier ist z. B. auch die Anzahl der Fluchtwege für behinderte Beschäftigte festzulegen.

Barrierefreiheit bedeutet in erster Linie die Zugänglichkeit eines Gebäudes ohne Hindernisse. Aber ebenso wichtig ist es, allen Nutzern einen sicheren barrierefreien Fluchtweg zu ermöglichen.

Trotz des ordnungsgemäß ausgeführten vorbeugenden Brandschutzes kam es zu einem furchtbaren Unglück in einer Caritas-Behindertenwerkstatt in Titisee-Neustadt. Ursache des Brandes war das unkontrolliert ausgetretene Gas aus einem mit einer Gasflasche verbundenen mobilen Heizofens, sagte der zuständige Oberstaatsanwalt. Das Gas habe sich dann aus bislang ungeklärter Ursache entzündet. Es sei zu einer schlagartigen Ausbreitung von Feuer und Rauch gekommen, sagte ein Sprecher der Feuerwehr. Die Menschen in dem Raum hatten demnach kaum eine Chance, dem Inferno zu entkommen. Alle seien sofort tot gewesen. Bei dem Unglück in der Caritas-Einrichtung waren 14 Menschen ums Leben gekommen, 13 Behinderte und eine Betreuerin. Neun Menschen wurden schwer verletzt.

Der Brandschutz in der Behindertenwerkstatt im Schwarzwald war aus Sicht der Behörden allerdings völlig ausreichend. Unterdessen wurde der Ruf nach Sprinkleranlagen in allen Behinderteneinrichtungen laut. Die Caritas überprüfte daraufhin all ihre Notfallpläne.

Der gesamte Ablauf und der Einsatz der Rettungskräfte ist „vorbildlich gelaufen". Von den 97 Menschen, die sich aus dem Gebäude retten konnten, schafften dies nach Darstellung der Behörden 86 aus eigener Kraft. Nur elf Menschen mussten von der Feuerwehr über eine Rampe für Rollstuhlfahrer und eine Stahltreppe aus dem Gebäude geleitet werden. Dies spreche für das Funktionieren des Rettungskonzepts.

Zehn Frauen und drei Männer mit Handicaps erstickten an giftigem Rauch oder verbrannten. Die behinderten Frauen waren im Alter von 28 bis 68 Jahren, die Männer zwischen 45 und 68 Jahren. Die getötete Betreuerin war 50 Jahre alt.

Die Behörden haben mittlerweile rekonstruiert, was nach Ausbruch des Brandes geschehen ist: Schnell breitete sich in dem dreistöckigen Gebäude lebensgefährlicher Rauch aus, der den Menschen den Atem nahm. Fluchtwege waren abgeschnitten, Panik brach aus. Viele Behinderte waren orientierungslos. Sie riefen an den Fenstern um Hilfe.

Es wurde nichts falsch gemacht und auch keine notwendige Maßnahme wurde unterlassen. Dennoch starben 2012 leider 14 Menschen.

In den jeweiligen Landesbauordnungen finden sich keine Forderungen nach einem Nachweis von barrierefreien Rettungswegen und auch die Normenreihe DIN 18040 setzt sich mit dem Thema Brandschutz nicht differenziert auseinander.

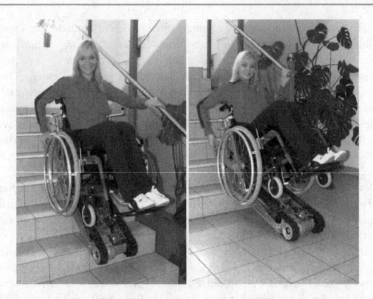

Nicht nur bei Inklusionsprojekten, beispielsweise an Schulen, sollten Architekten und Planer den barrierefreien Brandschutz und die Evakuierung frühzeitig berücksichtigen. Vielmehr ist bei sämtlichen Gebäuden damit zu rechnen, dass sie von Personen mit unterschiedlichsten Einschränkungen genutzt werden. Das gilt nicht nur für öffentlich zugängliche Gebäude, sondern auch im Wohnungsbau, wo sich die Feuerwehren mit einer steigenden Anzahl von mobilitätseingeschränkten oder pflegebedürftigen Personen konfrontiert sehen, die nicht in der Lage sind, sich selbst ohne Hilfe zu retten.

In der allgemein üblichen Weise und gewöhnlichen Öffnungszeiten müssen barrierefreie Gebäude auch für Menschen mit Behinderungen, selbst mit Rollstuhl zugänglich und nutzbar sein. Bereits bei der Brandschutzplanung steht daher die Frage im Mittelpunkt, wie diese Personen im Gefahrenfall sicher aus dem Gebäude herauskommen. Während die dazu nötigen Tür- und Flurbreiten durch eine barrierefreie Erschließung nach DIN 18040 geregelt sind, können vorhandene Aufzüge im Brandfall meist nicht genutzt werden. Auch ein Treppenlift ist für eine Evakuierung ungeeignet, da der Transfer meist Unterstützung benötigt. Um es deutlich zu sagen: Damit ist der Rückweg für Menschen mit Behinderungen oft abgeschnitten, denn auch der zweite bauliche Rettungsweg über Treppenhäuser, Dachausstiege etc. ist für diese Personen meist nicht nutzbar. Damit scheiden zwangsläufig auch sogenannte „sichere Bereiche für den Zwischenaufenthalt nicht zur Eigenrettung fähiger Personen" (DIN 18040-1) aus oder – noch besser – Aufzüge, die auch im Brandfall genutzt werden können, sind daher wichtige Bestandteile funktionierender Evakuierungskonzepte, die auch die Belange von Menschen mit Einschränkungen berücksichtigen. Verankert sind diese Forderungen beispielsweise in der Muster-Versammlungsstättenverordnung in § 42, wonach der Betreiber eine Brandschutzordnung und ggf. ein Räumungskonzept aufstellen muss, in dem „die Maßnahmen, die im Gefahrenfall für eine schnelle und geordnete Räumung unter besonderer Berücksichtigung von Menschen mit Behinderung erforderlich sind", festgelegt sind.

Der Oberbegriff lautet „barrierefreier Brandschutz" mit der grundsätzlichen Forderung an die Selbstrettung und die Frage, ob alle Nutzer in der Lage sind, sich selbstständig über horizontale Flächen (Flure) und vertikale Fluchtmöglichkeiten (Treppen, Aufzüge) ins sichere Freie zu retten. Oder wie und ab wo sie von anderen unterstützt werden müssen (Feuerwehr oder Evakuierungshelfer).

Ein wichtiger Bestandteil ist daher die Festlegung und bauliche Ausformung der angesprochenen sicheren Bereiche. Oft sind auch Personen mit Einschränkungen in der Lage, auf horizontaler Ebene in einen sicheren Wartebereich zu flüchten, von wo sie dann z. B. mithilfe der Feuerwehr gerettet werden. Die sicheren Bereiche müssen wirksam vor Brand und Rauch geschützt und abgeschirmt sein. Sie müssen eindeutig markiert werden, damit sie im Notfall auffindbar sind und über Notrufeinrichtungen verfügen. In anderen Konzepten, z. B. in Pflegeheimen oder Krankenhäusern, werden sogenannte Zellen – in der Regel einzelne Zimmer – brandschutztechnisch so ausgestattet, dass sie als sichere Bereiche fungieren. Auch die Einbindung helfender Personen, beispielsweise die Belegschaft eines Heimes, das Personal einer Versammlungsstätte oder die Betreuer und Lehrer in Schulen oder Werkstätten, können Bestandteil des Brandschutzkonzeptes werden. Durch den Betreiber ist dann anhand eines Räumungs-/Evakuierungskonzeptes die Fluchtmöglichkeit, die ohne Zutun der Feuerwehr zu planen ist, zu beschreiben und zu gewährleisten. Neben baulichen Maßnahmen sind also auch organisatorische und darüber hinaus anlagentechnische Maßnahmen relevant. Gerade bei sensorischen Einschränkungen, wie z. B. Beeinträchtigungen der Seh- oder Hörfähigkeit, sind stark kontrastierende, visuelle Informationen, taktile Pläne und Leitsysteme sowie Vibrationsalarme oder Blitzleuchten technische Möglichkeiten, das Rettungsleitsystem erfahrbar zu machen. Dabei sollte immer das Zwei-Sinne-Prinzip beachtet werden, nach dem in jedem Fall zwei der drei Sinne (Hören, Sehen, Tasten) angesprochen werden.

Eine kostenintensive, jedoch sichere Lösung sind Evakuierungsaufzüge. So können beispielsweise Bürogebäude im notwendigen Treppenraum mit einem Evakuierungsaufzug ausgestattet werden. Wichtig ist, dass vor dem Aufzug ausreichend Platz eingeplant und ausgewiesen wird, damit der Fluchtweg für

diejenigen, die über die Treppe flüchten, nicht von den vor dem Aufzug Warten-
den, versperrt wird. In diesem Fall ist der notwendige Treppenraum der sichere
Bereich. Alternativ kann der Aufzug auch in einem separaten Raum untergebracht
werden. Der Aufzug muss mit der Brand-/Alarmierungsanlage derart gekoppelt
sein, dass er im Brandfall und bei Auslösen der Anlage zuerst das betroffene
Geschoss anfährt, um von dort die mobilitätseingeschränkten Personen zu retten.
Der Evakuierungsaufzug steuert so lange das betroffene Geschoss an, wie dort
der Rufknopf betätigt wird. Erst nachdem alle zu rettenden Personen aus diesem
Geschoss ins Freie gebracht wurden, fährt der Aufzug die nächsten Geschosse an.
Der Betrieb bei Stromausfall muss gewährleitet sein.

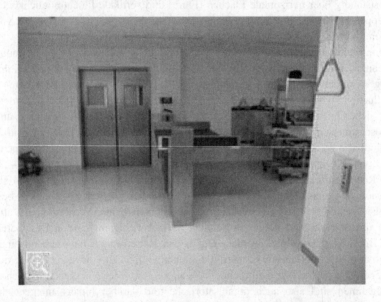

Eine weitere Möglichkeit ist die Unterteilung von Gebäuden in Rettungsabschnitte mit voneinander unabhängigen, notwendigen Treppenräumen und je
einem Aufzug. Diese Rettungsabschnitte entsprechen nicht notwendigerweise den
Brandabschnitten des Gebäudes, sondern können unabhängig von diesen festgelegt und konzipiert werden. Die Trennung erfolgt durch eine Wand (Brandmauer),
deren Feuerwiderstandsdauer je nach Gebäudeklasse der tragenden und aussteifen-
fenden Bauteile entspricht. Im Brandfall können die Personen nun horizontal, also
auf der gleichen Ebene, in den jeweils anderen Abschnitt fliehen und dort über
den Aufzug flüchten. Bei dieser Bauweise muss kein Evakuierungsaufzug eingebaut werden, da die Aufzüge über unabhängige Stromkreise versorgt werden

und im Brandfall der jeweils andere Aufzug weiter betrieben werden kann. Eine weitere Alternative sind offene, umlaufende Laubengänge mit freistehenden Aufzügen oder Außen-Aufzüge. Diese Lösungen bietet sich bei der Nachrüstung im Bestand an, wenn der Einbau eines Aufzugs im Treppenraum nicht oder nur mit großem Aufwand möglich ist.

In einer Dokumentation bei der Generalsanierung eines 13-stöckigen Hochhauses wurde erörtert, wie die Evakuierungsmöglichkeiten für Menschen, die nicht selbstständig über den Sicherheitstreppenraum flüchten können gelöst werden. Aufgrund der Bestandssituation stand nur begrenzt Raum für einen sicheren Wartebereich zur Verfügung. Pro Geschoss gibt es acht Wohnungen, darunter ein rollstuhlgerechtes Appartement. Neben drei Aufzügen, die im Brandfall nicht genutzt werden können, verfügt das Hochhaus über einen Feuerwehraufzug.

Um die Situation zu lösen, wurde vor dem Feuerwehraufzug ein sicherer Bereich abgetrennt. Von dort können sich die Bewohner der barrierefreien Wohnungen bemerkbar machen und Hilfe zur Unterstützung bei der Selbstrettung anfordern. Dazu wurden entsprechende Notruftelefone aufgeschaltet. Der Vorraum ist an die Überdruckanlage des Sicherheitstreppenraums gekoppelt, sodass ein Verrauchen sicher verhindert wird. Bei einem Brandereignis innerhalb der Wohnung müssen sich die Personen in den Vorraum des Feuerwehraufzuges begeben und auf das Eintreffen der Rettungskräfte warten (Fluchtwegfolge: Gefahrenbereich > sicherer

Bereich > Notruf mit Lageangabe > Warten > Retten). Diese Vorgehensweise wird auch in der Brandschutz- und Hausordnung festgeschrieben und so die Rettung über den Feuerwehraufzug sichergestellt.

Zusammenfassend lässt sich sagen, dass sich eigentlich immer – selbst in denkmalgeschützten Gebäuden – Lösungen für einen barrierefreien Brandschutz finden lassen. Voraussetzung ist, dass Brandschutzplaner und ggf. auch die Feuerwehr frühzeitig in die Planung einbezogen werden und sich offen und kreativ, insbesondere im Bestand, mit der jeweiligen Situation auseinandersetzen. Mehrkosten und oft wenig schlüssige Nachbesserungen lassen sich so deutlich reduzieren.

Natürlich wird die Selbstrettung Behinderter präferiert. Aber auch die Rettung von bettlägeriger, orientierungsloser und gehunfähiger Menschen müssen in eine Evakuierungsplanung einbezogen werden, indem Retter, Feuerwehrleute von der Existenz und dem Standort, möglichst automatisch, informiert werden.

Fluchtwege für Behinderte 6

Behinderte können körperlich, geistig oder mehrfach eingeschränkt sein. In Wohnungen, Krankenhäusern und Pflegeeinrichtungen halten sich außerdem bettlägerige Patienten, mitunter auf Intensivstationen auf. In jedem Fall sind diese Behinderten nur sehr eingeschränkt für eine Selbstrettung geeignet.

Verständlicherweise gibt es keine einfache Lösung. Wir kennen vertikale und horizontale Rettungswege. Für die Rettung benötigen wir für diesen Personenkreis zugewiesene Personen, Pflegekräfte oder Feuerwehrleute. Die Ursache ist meist ein Brand oder eine Rauchentwicklung, die zu einer Fluchtsituation Anlass gibt.

© Der/die Autor(en), exklusiv lizenziert durch Springer Fachmedien Wiesbaden GmbH, ein Teil von Springer Nature 2021
A. Merschbacher, *Flucht- und Rettungswege*,
https://doi.org/10.1007/978-3-658-32845-0_6

Das Brandschutz-/Evakuierungskonzept muss diese besonderen Behinderungsanforderungen berücksichtigen.

Beginnen wir damit, dass Bauten von Haus aus barrierefrei errichtet werden. Dabei kommen zusätzlich folgende Überlegungen zum Tragen:

- Analyse wie das Gebäude effizient und nutzerorientiert in der Normal- und in der Paniksituation genutzt wird,
- mit welchen Anforderungen von körperbehinderten und sensorisch be hinderten Menschen ist zu rechnen,
- welche baukonstruktiven Anforderungen sind erkennbar,
- wie lauten die rechtlichen Vorgaben,
- wie lässt sich das Kosten-Nutzen-Verhältnis erfassen,
- wie hoch sind die laufenden Kosten des Gebäudeunterhalts,
- was für organisatorische Maßnahmen sind zur Vorbeugung, Bekämpfung und Rettung beim vorbeugenden Brandschutz erforderlich,

Der vorbeugende und organisatorische Brandschutz soll die Entstehung von Feuer und Rauch verhindern und die Rettungsvorgänge planen. Der Abwehrende Brandschutz ist für das Löschen und die Rauchreduzierung zuständig.

Dies geschieht durch:

- Konzeption und Planung der Brandschutzanlagen (z. B. Brandschutzkonzept, Bildung von Brandabschnitten, Bemessung von Fluchtwegen, Sicherheitstreppenhäuser, Feuerwehraufzüge, Lüftung).
- Bau und Konstruktion (z. B. Brandfestigkeit von Baumaterialien, Brandlast von Bauteilen und Ausstattungselementen).
- Baudurchführung (z. B. Brandschutzvorkehrungen beim Schweißen).
- Einsatz und Betrieb (z. B. Notrufanlagen, Sicherheitsbeleuchtung, Fluchtwegkennzeichnung, Rauchverbot).
- Kontrolle, Wartung und Instandhaltung (z. B. Funktionsüberwachung technischer Aggregate, frühzeitiger Austausch von Verschleißteilen, turnusmäßige Intervall- und Wiederholungsprüfungen, kurzfristige Schadensbeseitigung).
- Geräte und Einrichtungen zur Selbstrettung und Brandbekämpfung (z. B. Handfeuerlöscher, automatische Löschanlagen, Löschwasserleitungen, Entrauchungsanlagen).
- Ausrüstung und Abstimmung mit der Einsatzplanung der Feuerwehr zur Brandbekämpfung und Rettung (z. B. Atemschutzgeräte, Feuerwehrleitern, Leitzentralen, Feuerwehrschlüsseldepot).

- Personalschulung und Durchführung von Brandschutzübungen, sowie der Brandschutzhelfer-Ausbildung.

Die Belange behinderter Menschen bei öffentlichen Gebäuden sind bereits in Artikel 3 des Grundgesetzes *(Alle Menschen sind vor dem Gesetz gleich. Niemand darf wegen seiner Behinderung benachteiligt werden).*

Zunächst sind die geltenden Rechtgrundlagen, d. h. insbesondere die Landesbauordnungen und die aufgrund der Bauordnungen erlassenen Vorschriften maßgeblich. Die Landesbauordnungen schreiben für öffentlich zugängliche Gebäude in der Regel das „Barrierefreie Bauen" vor (§ 50 Abs. 2 MBO).

Bereits in den Bauordnungen werden einige wesentliche, konkrete Anforderungen an die barrierefreie Gestaltung öffentlich zugänglicher Gebäude gestellt, z. B. in Bezug auf Durchgangsbreiten, Bewegungsflächen, Rampen und Treppen, sowie Aufzügen (in Verbindung mit § 39 Abs. 4 MBO).

Ergänzende, ausführlichere und detailliertere Darstellungen enthalten die Normen des Barrierefreien Bauens.

Die 16 Bundesländer haben von der verbindlichen Einführung der (bisher geltenden) DIN 18024-2, „Barrierefreies Bauen – Teil 2: Öffentlich zugängige Gebäude und Arbeitsstätten, Planungsgrundlagen", Ausgabe November 1996, als Technische Baubestimmung in unterschiedlichem Maß Gebrauch gemacht.

Bei Bauten des Bundes sind neben den (für den jeweiligen Standort) geltenden landesgesetzlichen Bestimmungen die Regelungen des Behindertengleichstellungsgesetzes des Bundes (BGG) zu beachten. Für zivile Neubauten und für große zivile Um- oder Erweiterungsbauten gilt gemäß § 8 Abs. 1 BGG die Selbstverpflichtung der barrierefreien Gestaltung entsprechend den allgemein anerkannten Regeln der Technik.

Die „Barrierefreiheit" wird in § 4 BGG definiert. Danach sind bauliche Anlagen „barrierefrei", wenn sie (auch) für behinderte Menschen „ohne besondere Erschwernis" und „grundsätzlich ohne fremde Hilfe" zugänglich und nutzbar sind.

Der Begriff „Bauten" stellt auf die Definition der „Richtlinien für die Bauaufgaben des Bundes (RBBau)" ab. „Große Neu-, Um- und Erweiterungsbauten sind bauliche Maßnahmen mit Kosten über 10.000.000,- €, durch die neue Anlagen geschaffen, bestehende Liegenschaften in ihrer baulichen Substanz wesentlich verändert werden oder die der erstmaligen Herrichtung einer Liegenschaft infolge neuer Zweckbestimmung dienen" (RBBau).

Belange behinderter Arbeitnehmer bzw. Beschäftigter sind gemäß Arbeitsschutzvorschriften und -regeln zu berücksichtigen (EG-Arbeitsstättenrichtlinie 89/654/EWG). Dies gilt jedoch nicht uneingeschränkt für sämtliche Arbeitsstätten, sondern nur für Arbeitgeber, die Menschen mit Behinderungen beschäftigen.

Die Vorgaben für den vorbeugenden und abwehrenden Brandschutz in den allgemeinen Sicherheitsanforderungen dienen insbesondere der Sicherheit aller Nutzer, einschließlich körperlich und sensorisch behinderter Menschen. Auch zahlreiche Regelungen zur Nutzung im „Normalfall" tragen zur Verhinderung sowie zur Bewältigung von Notfällen für Behinderte, aber auch für nicht behinderte Nutzer bei. Durch Vermeidung von Schwellen und Kanten wird beispielsweise die Stolpergefahr verringert; „barrierefreie" Flure erleichtern die Eigen- und Fremdrettung, etc. im Hinblick auf Rollstühle und Gehhilfen.

Für Hochhäuser schreibt die Muster-Hochhausrichtlinie (MHHR) vor, dass „Brandmelder bei Auftreten von Rauch automatisch eine akustische und optische Alarmierung auslösen müssen" (6.4.2. Satz1 MHHR). In diesem Fall wird also das Zwei-Sinne-Prinzip angewandt, sodass auch sehgeschädigte Menschen die Alarmierung wahrnehmen können. Für nicht sensorisch behinderte Menschen wird dadurch das „Erkennen" eines Alarms erleichtert.

Allerdings ist durch diese Bestimmung noch nicht gewährleistet, dass z. B. hörgeschädigte Menschen den Brandalarm in sämtlichen Räumen empfangen, in denen sich Menschen ggf. allein aufhalten können (z. B. Sanitärräumen).

„Versammlungsstätten mit Versammlungsräumen von insgesamt mehr als 1000 m^2 Grundfläche müssen Alarmierungs- und Lautsprecheranlagen haben, mit denen im Gefahrenfall Besucher, Mitwirkende und Betriebsangehörige alarmiert und Anweisungen gegeben werden können" (§ 20 Abs. 5 MVStättV).

Regelung zu Vorräumen vor Aufzügen, Feuerwehraufzügen und Sicherheitstreppenräumen in Hochhäusern

Zur Rettung von Rollstuhlbenutzern aus Gebäudeebenen, die ausschließlich über Aufzüge barrierefrei zugänglich sind, sind besondere Maßnahmen erforderlich. Denn dieser Personenkreis ist (bis auf wenige Ausnahmen) selbst in Notfällen nicht in der Lage, Treppen zu bewältigen. Auch andere stark gehbehinderte sowie kranke oder verletzte Menschen sind z. T. auf die Benutzung von Aufzügen angewiesen. Aufzüge dürfen aber aus Sicherheitsgründen bereits von Auslösung eines Brandalarms an nicht mehr benutzt werden.

Vor jeder Fahrschachttür von Feuerwehraufzügen und vor den Türen innenliegender Sicherheitstreppenräume müssen gemäß Muster-Hochhausrichtlinie Vorräume angeordnet sein, in die Feuer und Rauch nicht eindringen dürfen (6.1.1.4. Satz 1 MHHR). Aus diesen Vorräumen kann dann eine Fremdrettung erfolgen, für Rollstuhlbenutzer und Verletzte vorzugsweise über Feuerwehraufzüge. Vorräume von Feuerwehraufzugsschächten müssen daher so bemessen sein, dass sie zur Aufnahme einer Krankentrage bzw. von Rollstühlen geeignet sind. Die Bemessung

der Fläche richtet sich nach dem erwarteten Bedarfsaufkommen. In der Aufzugs-
tür ist eine Sichtöffnung (mindestens 600 cm²) anzuordnen, die es der Feuerwehr
ermöglicht, schon während der Fahrt festzustellen, ob sich Personen wie z. B. Rollstuhlfahrer im Aufzugsvorraum befinden und gerettet werden müssen. (6.1.3.1 und
6.1.2.1 MHHR).

Die betreffenden Vorräume sowie die Vorräume vor Aufzügen, die keine Feuerwehraufzüge sind, erleichtern auch die Nutzung im Normalfall. Auf das Verbot der
Benutzung der Aufzüge im Brandfall und auf die nächste notwendige Treppe ist in
den Vorräumen hinzuweisen (7.1.3 MHHR).

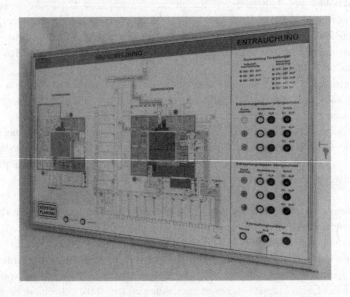

Für sämtliche Türen in Rettungswegen öffentlich zugänglicher Gebäude
gilt, dass Türen in Fluchtrichtung aufschlagen müssen. In der Muster-
Versammlungsstättenverordnung und der Muster-Hochhausrichtlinie wird geför-
dert, dass diese Türen jederzeit – bzw. während des Aufenthalts von Menschen in
der Versammlungsstätte – von innen leicht und in voller Breite geöffnet werden können (4.4.1 MHHR, § 9 Abs. 3 MVStättV). Diese Festlegung ist für die sichere, zügige
Flucht aller Menschen und insbesondere auch für behinderte Menschen bedeutsam.
Man kann es nicht oft genug wiederholen.

Aus der Verwendung des Begriffs „leicht" folgt allerdings nicht, dass behinderte
Menschen mit geringen Körperkräften diese Türen in jedem Fall problemlos öffnen
können. Sie sind hierbei u. U. auf fremde Hilfe angewiesen.

Schiebetüren sind in Rettungswegen nur zulässig, wenn sie automatisch betätigt sind (MHHR 4.4.2). Das Öffnen der Tür muss durch redundante Systeme auch im Notfall sichergestellt sein (MAutSchR 3.5.2, c) bzw. bei Stromausfall oder Ausfall eines Signalgebers (für die Aktivierung des Antriebs) in Fluchtrichtung „müssen automatische Schiebetüren ohne Drehflügel selbsttätig auffahren und in dieser Stellung verbleiben" (MAutSchR 3.4.3).

Rettungswege – in Versammlungsstätten auch die Ausgänge – müssen durch Sicherheitszeichen dauerhaft und gut gekennzeichnet sein" (4.1.3 MHHR, § 6 Abs. 6 MVStättV).

Festlegungen zur Auffindbarkeit und Nutzbarkeit der Rettungswege durch blinde und stark sehbehinderte Menschen (taktile und/oder akustische Leitsysteme bzw. punktuelle Orientierungshilfen nach dem Zwei-Sinne-Prinzip) werden in den Sonderbauverordnungen nicht getroffen.

Für Versammlungsstätten sind (u. a.) in der Brandschutzordnung Maßnahmen festzulegen, die zur Rettung behinderter Menschen, insbesondere Rollstuhlbenutzern erforderlich sind (§ 42 Abs. 1, 2. MVStättV).

Eine entsprechende Regelung mit ähnlicher Formulierung gilt für Hochhäuser (9.2.1 Nr. 4 MHHR).

Normen des Barrierefreien Bauens bestehen insbesondere, aus folgenden Teilen:

- DIN 18040-1: „Barrierefreies Bauen – Planungsgrundlagen – Teil 1: Öffentlich zugängliche Gebäude"; Ausgabe Oktober 2010. +
  Zu den öffentlich zugänglichen Gebäuden gehören in Anlehnung an die Musterbauordnung (§ 50 Abs. 2 MBO):

  1. Einrichtungen der Kultur und des Bildungswesens,
  2. Sport- und Freizeitstätten,
  3. Einrichtungen des Gesundheitswesens,
  4. Büro-, Verwaltungs- und Gerichtsgebäude,
  5. Verkaufs- und Gaststätten,
  6. Stellplätze, Garagen und Toilettenanlagen.

- DIN 18024-1: „Barrierefreies Bauen – Teil 1: Straße, Plätze, Wege, Öffentliche Verkehrs- und Grünanlagen sowie Spielplätze, Planungsgrundlagen
  Das gilt insbesondere für
  - Rollstuhlbenutzer – auch mit Oberkörperbehinderung
  - Blinde, Sehbehinderte
  - Gehörlose, Hörgeschädigte
  - Gehbehinderte
  - Menschen mit sonstigen Behinderungen
  - Ältere Menschen
  - Kinder, klein- und großwüchsige Menschen
- **DIN 18025-1:** „Barrierefreie Wohnungen – Teil 1: Wohnungen für Rollstuhlbenutzer"
- **DIN 18025-2:** „Barrierefreie Wohnungen – Teil 2: Planungsgrundlagen
- DIN 18025-1 und DIN 18025-2 wurde durch **DIN 18040-2** – Wohnungen ersetzt.

Damit gewährleistet ist, dass insbesondere behinderte Menschen in Notfallsituationen sich selbst retten können, sind grundlegende Voraussetzungen bereits bei der baulichen Gestaltung, der technischen Ausrüstung, sowie der Organisation zu erfüllen.

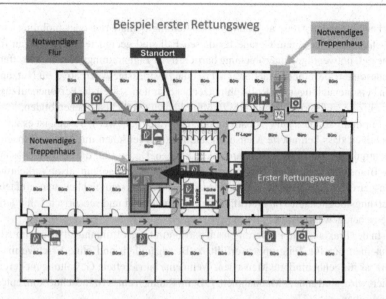

Entscheidend für die eigenständig durchgeführte Rettung oder Alarmierung sind die örtlichen Gegebenheiten. Selbst wenn eine Eigenrettung nicht möglich ist, kann die Berücksichtigung bestimmter Voraussetzungen die Rettung behinderter Menschen durch Dritte vereinfachen und damit zu einer erhöhten Sicherheit führen.

Für behinderte Menschen und andere Menschen mit Mobilitätsbeeinträchtigung wird die Bewältigung von Notfallsituationen maßgeblich erleichtert, wenn folgende grundlegende Voraussetzungen erfüllt sind:

- Barrierefreie Gestaltung des 1. Rettungswegs: Auf gesamter Länge barrierefreie Mobilitätsketten für motorisch und sensorisch behinderte Menschen,
- Sofern möglich, zusätzlich barrierefreie Gestaltung des 2. Rettungswegs sowie
- gute Wahrnehmbarkeit von Alarmsignalen für sensorisch behinderte Menschen.

Im Allgemeinen ist eine Rettung ohne fremde Hilfe und ohne besondere Erschwernisse unter diesen anzustrebenden Umständen (bzw. im Fall der Alternative zur Personenaufzugsnutzung) ohne besondere Probleme möglich.

Ist dies nicht gegeben, wird fremde Hilfe zur Rettung benötigt. Diese kann beispielsweise durch die persönliche Assistenz, andere unterwiesene Personen, anderen nicht eingeschränkten Nutzern, Betriebspersonal oder – nach deren Eintreffen – von Rettungsdiensten erfolgen. Auch Helfer profitieren von der barrierefreien Gestaltung von Rettungswegen: Sowohl für sich selbst aufgrund der i. d. R. einfacher

zu bewältigenden Wege als auch bei der Rettung behinderter oder mobilitätseingeschränkter Menschen. Gerade für diesen Fall sind geeignete Vorkehrungen für
eine ggf. notwendige Unterbrechung barrierefreier Eigenrettungs-Ketten zu treffen;
Insbesondere bei einem Brandereignis ist eine zuverlässige Alternative zur Nutzung
von Personenaufzügen für Rollstuhlnutzer herzustellen, soweit die Personenaufzüge
die einzige stufenlose Verbindung zu öffentlich zugänglichen Ebenen bilden,

Für den Fall, dass eine Selbstrettung nicht ermöglicht werden kann, ist es umso
wichtiger, dass behinderte Menschen und andere Menschen mit Mobilitätsbeeinträchtigung selbst fremde Hilfe anfordern können. Das gilt für die Alarmauslösung
im Brandfall, aber auch für individuelle Notfälle. Es sollten also Vorkehrungen getroffen werden, die eine hindernisfreie Zugangsmöglichkeit und einfache
Nutzungsmöglichkeit von Notrufanlagen für motorisch und sensorisch behinderte
Menschen gewährleisten.

In der Praxis ist die Forderung nach barrierefreien Notrufanlagen bisher im Allgemeinen nur für Teilgruppen erfüllt, z. B. zugänglich und ohne Erschwernisse
nutzbar für gehbehinderte Menschen. Wenn eine barrierefreie Gestaltung nicht realisiert wird, sind andere Maßnahmen, z. B. im Rahmen eines Brandschutzkonzeptes,
vorzusehen.

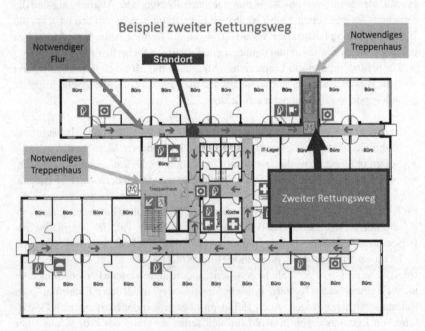

In Notfallsituationen benötigen behinderte Menschen ggf. fremde Hilfe. Diese kann von einfachen Tätigkeiten (z. B. Anzeige von Alarmsignalen, Verhaltenshinweise, Warnung vor Gefahren) bis hin zu aufwendigen Hilfsmaßnahmen unter Einsatz von Rettungsgroßgeräten reichen.

Die beste Lösung stellt da direkte und schnelle Hilfe im Allgemeinen dar, die durch Betriebs- und Servicepersonal, oder andere Beschäftigte, anwesende Besucher etc. die dazu angehalten werden, gerade bei Brandereignissen und vergleichbaren Notfallsituationen auf hilfsbedürftige Menschen zu achten.

Andererseits können unsachgemäße Hilfsversuche gefährlich für die betreffenden behinderten Menschen, u. U. auch für die Helfer werden (z. B. der Versuch, einen schweren Elektrorollstuhl mit manueller Kraft zur Überwindung eines Hindernisses anzukippen oder anzuheben).

Fremde Hilfe ist dann effizient, wenn:

- Helfer die betreffenden Mobilitätseinschränkungen und Fähigkeiten der hilfebenötigenden behinderten Menschen kennen bzw. erkennen (z. B. am Langstock, Rollstuhl oder „Schutzzeichen"),
- bei für die Helfer nicht erkennbarer Beeinträchtigung diese ungefragt mitgeteilt bekommen oder erfragen – wenn die Art der Behinderung erkennbar ist, nicht

aber der Umfang der Beeinträchtigung (bei einem Rollatornutzer kann z. B. die Frage wichtig sein, ob er Treppen – ggf. mit personeller Hilfe bewältigen kann),

- die Helfer hinreichende Kenntnisse darüber haben, welcher Art Hilfe die betreffenden behinderten Menschen im Allgemeinen und insbesondere im konkreten Notfall brauchen (z. B. Information, Orientierungshilfen, punktuelle Unterstützung bei der Eigenrettung – z. B. Öffnen einer schwergängigen Feuerschutztür, Notwendigkeit der gezielten Hilfe durch professionelle Rettungskräfte)
- die Bedienung der Kommunikationsanlagen beherrschen (z. B. Telefonnummer kennen, für eine direkte Verbindung zur Betriebszentrale), Rettungsgeräte (z. B. Rettungsstuhl) und sonstige Ausstattungen für Hilfsmaßnahmen (Erste Hilfe Kasten) verfügbar sind, wo diese zu finden sind und wie diese zu bedienen sind.

Die Fremdrettung über nicht barrierefreie Rettungswege, z. B. Hubrettungsfahrzeuge und Drehleitern, kann sich bei behinderten Menschen zum Teil schwieriger gestalten als bei nicht behinderten Menschen. Insbesondere gilt dies beim Einsatz von tragbaren Feuerwehrleitern oder Sprungpolstern (diese ermöglichen Sprunghöhen bis zu 16 m, wenn z. B. der erste Rettungsweg blockiert ist).

Für die Auswahl geeigneter Maßnahmen, insbesondere für Hochhäuser und öffentliche Gebäude mit hoher Benutzerfrequenz, müssen zunächst die Anforderungen behinderter Menschen möglichst genau bekannt sein. Dabei sind für die verschiedenen Gruppen behinderter Menschen zum Teil unterschiedliche Kriterien maßgebend. Für Rollstuhlbenutzer gelten andere Überlegungen, als für sehbehinderte Menschen. Auch innerhalb der verschiedenen Nutzergruppen können die Anforderungen in Abhängigkeit von den individuellen Fähigkeiten teils erheblich variieren.

Bei der Bewältigung von Notfällen stimmen hinsichtlich der Anforderungen von Menschen mit Behinderung mit den Anforderungen von Menschen ohne Behinderung grundsätzlich überein. Bauliche und organisatorische Maßnahmen, wie z. B.

- möglichst kurze Fluchtwege,
- schnelles Eintreffen der Rettungskräfte,
- geeignete Branderkennungssysteme und
- zuverlässige Informationen im Störfall

was allen Menschen zu Gute kommt.

Hinzu kommen weitergehende und zusätzliche Anforderungen von Menschen mit Behinderung, diese können z. B. hinsichtlich einer besonderen Gestaltung von Fluchtwegen oder der Art der Informationsdarbietung sein.

Die Anforderungen hängen außerdem von weiteren Faktoren ab:

- beispielsweise einer persönlichen Assistenz,
- personenbezogener (individueller) technischer Hilfsmittel (z. B. Rollator, Handy mit Notruf-Funktion),
- der Kenntnis des Gebäudes sowie der Rettungsmöglichkeiten (z. B. bei Beschäftigten oder Besuchern mit häufiger Anwesenheit im Gebäude),
- Mobilitätstraining sowie des Übens der Bewältigung von Notfällen sowie
- der Nutzung des Gebäudes als Einzelperson oder innerhalb einer Gruppe.

Rollstuhlbenutzer werden von der Öffentlichkeit im Allgemeinen am ehesten mit dem Begriff „behinderte Menschen" in Verbindung gebracht. Das Piktogramm „Rollstuhlbenutzer" steht oft als Synonym für behinderte Menschen insgesamt. Die überwiegende Anzahl der Rollstuhlbenutzer ist nicht im Stande zu gehen und in der Regel auch nicht in der Lage zu stehen. Werden die daraus resultierenden Anforderungen berücksichtigt, lässt sich zugleich eine Vielzahl von Ansprüchen anderer körperbehinderter Menschen erfüllen. Das gilt vor allem hinsichtlich des Flächenbedarfs, der stufenlosen Ausbildung von Wegen sowie der Anordnung und Gestaltung von Bedienungselementen.

Sogar innerhalb der Gruppe der Rollstuhlbenutzer bestehen erhebliche Unterschiede hinsichtlich der Mobilitätsbeeinträchtigung, insbesondere in Bezug auf Oberkörperkräfte und Greiffähigkeit. Daher ist ein Teil der Rollstuhlbenutzer auf ständige persönliche Assistenz oder situationsabhängig auf Serviceleistungen bzw. fremde Hilfe angewiesen (z. B. Spastik in den Händen).

Die Notwendigkeit einer ständigen persönlichen Assistenz im Normalfall erleichtert zugleich die Bewältigung von Notfällen (die Begleitperson kennt im Allgemeinen die Anforderungen des behinderten Menschen. Sie kann selbst Hilfe leisten und in der Regel einfacher fremde Hilfe aktivieren als der behinderte Mensch im Rollstuhl).

Wegen der individuell unterschiedlichen Anforderungen (Körpergröße, Gewicht, Art und Grad der Behinderung, Einsatzort) wird eine Vielzahl unterschiedlicher Rollstuhltypen angeboten.

Entsprechend dem individuellen Bedarf können bzw. müssen dabei einzelne Komponenten noch variiert/angepasst werden (u. a. die Sitzform und -höhe, Fußstützen, Rückenlehne, Arm- und Nackenlehne, Gurte, Radgrößen, Steuerungseinheit, Zubehör). Die verschiedenen Rollstuhltypen lassen sich grob in folgende Rollstuhlarten gliedern:

- Greifreifenrollstühle (für Rollstuhlbenutzer, die sich im Allgemeinen mit eigener Körperkraft bewegen)
- Schieberollstühle (für Rollstuhlbenutzer, die zur Fortbewegung regelmäßig von einer Begleitperson geschoben werden)
- Elektrorollstühle (für die Fortbewegung mittels Elektroantrieb
- Elektro-Scooter (auch als Elektromobile bezeichnet, vorwiegend für die zügige Fortbewegung im öffentlichen Straßenraum).

Die Anforderungen an einen barrierefrei gestalteten ersten Rettungsweg, der die Eigenrettung von Rollstuhlbenutzern ohne fremde Hilfe ermöglicht, erstrecken sich insbesondere auf folgende Merkmale:

- Vermeidung von Treppen und Stufen,
- Bemessung von Bewegungsflächen (Flure, Durchgänge, Türöffnungen, Rampenbreiten, Rangier- und Wendeflächen, Begegnungsflächen),
- die Nutzbarkeit von Türen (notwendiger Kraftaufwand bei der Bedienung von Türen, einschließlich Feuer- und Rauchschutztüren; Anordnungshöhe, -abstand und Form von Türdrückern und -griffen; bei Automatiktüren Anordnungshöhe und -abstand von Tastern); Drehtüren müssen in Fluchtrichtung aufschlagen,
- das Neigungsmaß (Steigungen und Gefälle) von Rampen,
- die Vermeidung von Schwellen und unteren Türanschlägen,
- die Berollbarkeit der Bodenbeläge,
- die Gesamtlänge des horizontalen Rettungsweges und der Rampen im Verlauf des Rettungsweges und
- die Weglänge bis zum Erreichen des nächsten Brandabschnittes bzw. zum ggf. vorhandenen, nächstgelegenen sicheren Wartebereich (z. B. Vorraum eines Feuerwehraufzuges) sowie die Bemessung von Warteflächen in sicheren Bereichen (auch unter Berücksichtigung der zu erwartenden Zahl schutzsuchender Rollstuhlnutzer).

Die Anforderungen an die barrierefreie Gestaltung des ersten Rettungsweges sind in der Regel erfüllt, wenn die Darstellungen der DIN 18040-1 umgesetzt sind. Soweit die barrierefreie Eigenrettungs-Kette unterbrochen ist, insbesondere durch Treppen bzw. Personenaufzüge (als einzige stufenlose Verbindung), ergeben sich daraus Anforderungen an:

- Eine automatische Brandfallsteuerung der Aufzüge in sicheren Bereichen (für Rollstuhlnutzer, die sich zum Alarmierungszeitpunkt im Aufzug befinden) sowie
- die Anordnung sicherer Wartebereiche oder alternativ

- geeigneter betrieblicher Vorkehrungen zur Nutzung der Treppen (z. B. mittels Rettungsstühlen).

Anzustreben ist eine innovative Brandfallsteuerung, die die Aufzugsnutzung für Rollstuhlbenutzer noch nach Auslösung eines Brandalarms erlaubt (bei „unkritischen" Brandereignissen, d. h. solange es die Feuer- und Rauchentwicklung noch sicher zulässt.

Im Idealfall sollte der zweite Rettungsweg die gleichen Anforderungen barrierefreier Gestaltung erfüllen. Dies kann allerdings nicht zur essenziellen Forderung erhoben werden. Auch nichtbehinderte Menschen sind beim 2. Rettungsweg u. U. auf Fremdrettung angewiesen (Ausnahmen in Sonderbauten: z. B. zwei Sicherheitstreppenhäuser in Hochhäusern).

Eine weitere wichtige Anforderung bezieht sich auf die Erreichbarkeit von Notfalleinrichtungen (z. B. Alarmknopf), d. h. insbesondere auf folgende Merkmale:

- Anordnung und Bemessung von Bewegungsflächen vor den Notrufanlagen
- Anordnungshöhe und -abstand von Notruftastern, Sprechanlagen, Telefonanlagen und
- Bedienbarkeit (Alarmauslösung auch durch greifbehinderte oder hinsichtlich der Feinmotorik beeinträchtigte Rollstuhlbenutzer).

Als Fazit lässt sich sagen, dass Gebäude in wesentlichen Bereichen so gebaut werden, dass Feuer und Rauch sich erst gar nicht ausbreiten können, was in der Praxis allerdings eine sehr unrealistische Erwartung hervorruft. Dieses Ziel ist im abwehrenden Brandschutz nur mit Hilfe von Lösch-/Sprinkleranlagen oder Überdruckanlagen zu erreichen.

Aufgrund von Sonderbauvorschriften (u. a.) für „bauliche Anlagen besonderer Art und Nutzung", vor allem für Sonderbauten wie Hochhäuser, größere Versammlungs-, Verkaufs- und Gaststätten weitere Vorschriften in Form von „Sonderbauverordnungen", die u. a. an den Brandschutz besondere Anforderungen stellen, sind diese explizit zu erwähnen. Die ARGEBAU gibt hierfür Musterverordnungen und Musterrichtlinien heraus (z. B. Muster-Versammlungsstättenverordnung (MVStätt), MusterHochhaus-Richtlinie (MHHR)) heraus. Die betreffenden Rechtsvorschriften können auch Bestimmungen über die Anwendung solcher Vorschriften auf bestehende Anlagen dieser Art enthalten (§ 85 Abs. 1 Nr. 4 MBO).

Die Brandschutzregelungen der Sonderbauverordnungen gewährleisten ein hohes Sicherheitsniveau für den Brandschutz in Versammlungsstätten und Hochhäusern.

Für den Brandschutz und die Evakuierung von Hochhäusern sind vor allem folgende bauliche Maßnahmen und Ausstattungen aufgrund der Muster-Hochhausrichtlinie (MHHR) bedeutsam:

- Brandmelde- und Alarmierungsanlagen
- Brandmelder- und Alarmzentrale
- Brandfallsteuerung der Aufzüge
- Führung von Rettungswegen
- Notwendige Treppenräume, Sicherheitstreppenräume
- Notwendige Flure
- Türen in Rettungswegen
- Aufzüge
- Feuerwehraufzüge
- Fahrschächte von Feuerwehraufzügen und deren Vorräume sowie
- Sicherheitsbeleuchtung

Hochhäuser sind Gebäude mit einer Höhe von mehr als 22 m (§ 2 Abs. 4 Nr. 1 MBO). Für Hochhäuser bis zu 60 m Höhe gibt es zum Teil Erleichterungen (MHHR Nr. 8). Die Bundesländer haben in ihren jeweiligen Vorschriften zum Teil abweichende Regelungen getroffen. So enthält z. B. die novellierte Sonderbauverordnung des Landes Nordrhein-Westfalen vom 17. November 2009 Erleichterungen für Hochhäuser mit nicht mehr als 60 m Höhe (§ 111 SBauVO), die über die betreffenden Regelungen der MHHR Nr. 8 hinausgehen.

Für Hochhäuser mit nicht mehr als 60 m Höhe sind selbsttätige Feuerlösch-, Brandmelde- und Alarmierungsanlagen nicht erforderlich, wenn

1. die Nutzungseinheiten untereinander, zu anders genutzten Räumen und zu notwendigen Fluren feuerbeständige Trennwände haben, die von Rohdecke zu Rohdecke gehen,
2. die Nutzungseinheiten nicht mehr als 200 m² Grundfläche über dem ersten Obergeschoss haben oder bei mehr als 200 m² Grundfläche durch raumabschließende, feuerbeständige Wände, die von Rohdecke zu Rohdecke gehen, in Teileinheiten von nicht mehr als 200 m² Grundfläche unterteilt sind,
3. der Brandüberschlag von Geschoss zu Geschoss durch eine mindestens 1 m hohe feuerbeständige Brüstung oder 1 m auskragende feuerbeständige Deckenplatte behindert wird; die Behinderung des Brandüberschlags kann auch durch andere Maßnahmen erfolgen, wenn nachgewiesen wird, dass dem Zweck der

Anforderung auf andere Weise entsprochen wird, z. B. mit Methoden des Brandschutzingenieurwesens;

4. die selbsttätige Auslösung der Druckbelüftungsanlagen und der Brandfallsteuerung der Aufzüge sichergestellt ist und

5. die Früherkennung eines Brandes in den Nutzungseinheiten durch Rauchwarnmelder mit Netzstromversorgung erfolgt.

Aus Sicht der Feuerwehr wird dies jedoch kritisch gesehen, da die oberen Geschosse nicht mit Leiterfahrzeugen erreicht werden können.

Neben baulichen Vorgaben tragen auch Betriebsvorschriften wesentlich zum Brandschutz bei, wie Aufstellung von

- Brandschutzordnungen,
- Feuerwehrplänen,
- Flucht- und Rettungsplänen (9.2 MHHR) sowie
- Vorschriften zur Freihaltung der Rettungswege und Freihaltung der Flächen für die Feuerwehr (9.1 MHHR).

Für den Brandschutz und die Evakuierung von Versammlungsstätten sind vor allem folgende bauliche Maßnahmen und Ausstattungen aufgrund der MusterVersammlungsstättenverordnung (MStättV) bedeutsam:

- Brandmelde- und Alarmierungsanlagen,
- Brandmelder- und Alarmzentrale,
- Brandfallsteuerung der Aufzüge,
- Führung der Rettungswege,
- Bemessung der Rettungswege,

- Treppen,
- Türen und Tore,
- Bestuhlung, Gänge und Stufengänge in Versammlungsräumen,
- Rettungswege, Flächen für die Feuerwehr sowie
- Räume für Lautsprecherzentrale, Polizei, Feuerwehr, Sanitär- und Rettungs-dienst.

Als wesentliche betriebliche Maßnahmen sind hier zu nennen:

- Brandschutzordnungen,
- Feuerwehrpläne,
- Sicherheitskonzept,
- Ordnungsdienst,
- Freihaltung der Rettungswege,
- Freihaltung der Flächen für die Feuerwehr,
- Bestuhlungs- und Rettungswegeplan,
- Brandsicherheitswache sowie
- Sanitäts- und Rettungsdienst.

Außerdem sind für den Brandschutz baulicher Anlagen im Geltungsbereich der Landesbauordnungen Technische Baubestimmungen zu beachten, die von der obersten Bauaufsichtsbehörde (des jeweiligen Landes) durch öffentliche Bekanntmachung eingeführt werden (§ 3 Abs. 3 Satz 1 MBO).

In gleicher Weise wie die Muster-Verordnungen wird eine „Muster-Liste der Technischen Baubestimmungen" veröffentlicht, die gegliedert ist in Teil I: „Technische Regeln für die Planung, Bemessung und Konstruktionen baulicher Anlagen und ihrer Teile" und Teil II: „Anwendungsregeln für Bauprodukte und Bausätze nach europäischen technischen Zulassungen und harmonisierten Normen nach der Bauproduktenrichtlinie". Technische Regeln zum Brandschutz sind in Teil I Nr. 3 der Musterliste aufgeführt. Die Länder übernehmen diese Liste weitgehend; allerdings gibt es für einzelne Bestimmungen durchaus Abweichungen.

Von den Technischen Baubestimmungen kann abgewichen werden, wenn mit einer anderen Lösung im gleichen Maße die (im Gesetz genannten) allgemeinen Anforderungen erfüllt werden (§ 3 Abs. 3 Satz 3 MBO). Durch diese Regelung soll (u. a.) verhindert werden, dass die Technischen Baubestimmungen nicht den technischen Fortschritt blockieren. Wer von den Regeln der Technik abweicht; trägt die Beweislast für die mindestens gleich große Sicherheit.

Behinderte Menschen sollten nicht nur im „Normalfall" am öffentlichen Leben teilhaben können, sondern auch Notfallsituationen möglichst ohne fremde Hilfe bewältigen können. In extremen Notfällen sind allerdings Erschwernisse für behinderte Menschen nicht auszuschließen. Im Folgenden werden die in Vorschriften und Technischen Richtlinien enthaltenen Vorgaben für die Berücksichtigung der Belange von Menschen mit Behinderung in Notfällen aufgeführt und analysiert.

Die allgemeinen Sicherheitsanforderungen, insbesondere die Vorgaben für den vorbeugenden und abwehrenden Brandschutz dienen der Sicherheit aller Nutzer, einschließlich körperlich und sensorisch behinderter Menschen. Auch zahlreiche Regelungen zur Nutzung im „Normalfall" tragen zur Verhinderung sowie zur Bewältigung von Notfällen für behinderte, aber auch für nicht behinderte Nutzer bei. Durch Vermeidung von Schwellen und Kanten wird beispielsweise die Stolpergefahr verringert; „barrierefreie" Flure erleichtern die Eigen- und Fremdrettung, etc.

Die Muster-Hochhausrichtlinie (MHHR) schreibt vor, dass „Brandmelder bei Auftreten von Rauch automatisch eine akustische und optische Alarmierung auslösen müssen" (6.4.2. Satz 1 MHHR). In diesem Fall wird also das Zwei-Sinne-Prinzip angewandt, sodass auch seh- oder hörgeschädigte Menschen die Alarmierung wahrnehmen können. Für nicht sensorisch behinderte Menschen wird dadurch das „Erkennen" eines Alarms erleichtert.

„Versammlungsstätten mit Versammlungsräumen von insgesamt mehr als 100 m² Grundfläche müssen Alarmierungs- und Lautsprecheranlagen haben, mit denen im Gefahrenfall Besucher, Mitwirkende und Betriebsangehörige alarmiert und Anweisungen gegeben werden können" (§ 20 Abs. 5 MVStättV). Demnach ist hier eine optische Alarmierung nicht vorgegeben.

Für Vorräume vor Aufzügen, Feuerwehraufzügen und Sicherheitstreppenräumen in Hochhäusern gilt, dass für die Rettung von Rollstuhlbenutzern aus Gebäude-ebenen, die ausschließlich über Aufzüge barrierefrei zugänglich sind, besondere Maßnahmen erforderlich sind. Denn dieser Personenkreis ist (bis auf wenige Aus-nahmen) selbst in Notfällen nicht in der Lage, Treppen zu bewältigen. Auch andere stark gehbehinderte sowie kranke oder verletzte Menschen sind z. T. auf die Benutzung von Aufzügen angewiesen. Aufzüge dürfen aber aus Sicherheitsgründen bereits von Auslösung eines Brandalarms an nicht mehr benutzt werden.

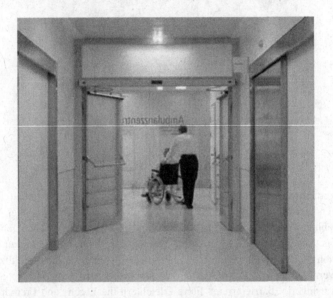

Vor jeder Fahrschachttür von Feuerwehraufzügen und vor den Türen innenliegen-der Sicherheitstreppenräume müssen gemäß Muster-Hochhausrichtlinie Vorräume angeordnet sein, in die Feuer und Rauch nicht eindringen dürfen (6.1.1.4. Satz 1 MHHR). Aus diesen Vorräumen kann dann eine Fremdrettung erfolgen, für Roll-stuhlbenutzer und Verletzte vorzugsweise über Feuerwehraufzüge. Vorräume von Feuerwehraufzugsschächten müssen daher so bemessen sein, dass sie zur Aufnahme einer Krankentrage bzw. von Rollstühlen geeignet sind. In der Aufzugtür ist eine Sichtöffnung anzuordnen, die es der Feuerwehr ermöglicht, schon während der

Fahrt festzustellen, ob sich Personen wie z. B. Rollstuhlfahrer im Aufzugsvorraum befinden und gerettet werden müssen. (6.1.3.1 und 6.1.2.1 MHHR).

Die betreffenden Vorräume sowie die Vorräume vor Aufzügen, die keine Feuerwehraufzüge sind, erleichtern auch die Nutzung im Normalfall. Auf das Verbot der Benutzung der Aufzüge im Brandfall und auf die nächste notwendige Treppe ist in den Vorräumen hinzuweisen (7.1.3 MHHR).

Für sämtliche Türen in Rettungswegen öffentlich zugänglicher Gebäude gilt, dass Türen in Fluchtrichtung aufschlagen müssen. In der Muster-Versammlungsstättenverordnung und der Muster-Hochhausrichtlinie wird gefordert, dass diese Türen jederzeit – bzw. während des Aufenthalts von Menschen in der Versammlungsstätte – von innen leicht und in voller Breite geöffnet werden können (4.4.1 MHHR; § 9 Abs. 3 MVStättV). Diese Festlegung ist für die sichere, zügige Flucht aller Menschen und insbesondere auch für behinderte Menschen bedeutsam.

Aus der Verwendung des Begriffs „leicht" folgt allerdings nicht, dass behinderte Menschen mit geringen Körperkräften diese Türen in jedem Fall problemlos öffnen können. Sie sind hierbei u. U. auf fremde Hilfe angewiesen.

Schiebetüren sind in Rettungswegen zulässig, wenn sie automatisch betätigt sind (MHHR 4.4.2). Das Öffnen der Tür muss durch redundante Systeme auch im Notfall sichergestellt sein (MAutSchR 3.5.2) bzw. bei Stromausfall oder Ausfall eines Signalgebers (für die Aktivierung des Antriebs) in Fluchtrichtung „müssen automatische Schiebetüren ohne Drehflügel selbsttätig auffahren und in dieser Stellung verbleiben" (MAutSchR 3.4.3).

In Bezug auf die Auffindbarkeit und Nutzbarkeit von Notrufanlagen durch sensorisch behinderte Menschen werden in den Sonderbauverordnungen keine Festlegungen getroffen.

Rettungswege – in Versammlungsstätten auch die Ausgänge – müssen durch Sicherheitszeichen dauerhaft und gut gekennzeichnet sein" (4.1.3 MHHR; § 6 Abs. 6 MVStättV).

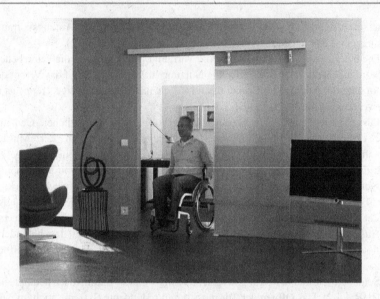

Festlegungen zur Auffindbarkeit und Nutzbarkeit der Rettungswege durch blinde und stark sehbehinderte Menschen (taktile und/oder akustische Leitsysteme bzw. punktuelle Orientierungshilfen nach dem Zwei-Sinne-Prinzip) werden in den Sonderbauverordnungen nicht getroffen.

Für Versammlungsstätten sind (u. a.) in der Brandschutzordnung Maßnahmen festzulegen, die zur Rettung behinderter Menschen, insbesondere Rollstuhlbenutzern erforderlich sind (§ 42 Abs. 1 MVStättV).

Eine entsprechende Regelung mit ähnlicher Formulierung gilt für Hochhäuser (9.2.1 Nr. 4 MHHR).

Länderspezifisch werden z. T. weitergehende bzw. detailliertere Vorgaben gemacht, beispielsweise in der Berliner Betriebs-Verordnung.

Die gesetzlichen und normativen Vorgaben stellen ein Gerüst dar, in dem sich die Abläufe individuell eingliedern müssen.

Viele Positionen sind Wiederholungen. Dies erfolgt bewusst, da einzelne Kapitel als Nachschlagehilfe genutzt werden.

Behinderte in Notfallsituationen

7

In der Regel kann nicht davon ausgegangen werden, dass Behinderte Notfallsituationen im Sinne einer selbstbestimmten Teilhabe ganz selbstständig bewältigen.

Es ist zwar erstrebenswert und grundsätzlich sollten Menschen mit Behinderung im Sinne einer selbstbestimmten Teilhabe auch Notfallsituationen ohne fremde Hilfe bewältigen können. In Notfallsituationen, in denen eine unmittelbare Gefahr für Leib und Leben besteht, ist der Gesichtspunkt der Selbstbestimmung allerdings nachrangig. Dementsprechend sollten bei der Durchführung von Rettungsmaßnahmen für Behinderte auch Erschwernisse in Kauf genommen werden, soweit sie die Bewältigung von Notfällen nicht einschränken oder verhindern.

Wird eine Selbstrettung oder die Auslösung eines Notrufs/Alarms eingeleitet, kann dies durch geeignete bauliche, technische oder organisatorische Maßnahmen ermöglicht bzw. erleichtert werden. Durch Kenntnis weitgehend barrierefreier Fluchtmöglichkeiten, durch individuelle Assistenz, betreibergestellten Service und/oder durch technische Hilfsmittel sollen behinderte Menschen in die Lage versetzt werden, sich „selbst zu helfen" bzw. selbst schnell fremde Hilfe zu aktivieren (Gebäudepersonal, Rettungskräfte).

In der Praxis lassen sich drei typische Notfallszenarien unterscheiden. Diese sollten für Planung, Bau und Betrieb von Hochhäusern und öffentlichen Gebäuden mit hoher Benutzerfrequenz berücksichtigt werden.

© Der/die Autor(en), exklusiv lizenziert durch Springer Fachmedien Wiesbaden GmbH, ein Teil von Springer Nature 2021
A. Merschbacher, *Flucht- und Rettungswege,*
https://doi.org/10.1007/978-3-658-32845-0_7

Über die „Bewältigung von Notfällen" sind in verbindlichen Bauvorschriften bereits Anforderungen behinderter Menschen berücksichtigt. Diese Regelungen erstrecken sich insbesondere auf Anforderungen von Rollstuhlbenutzern (z. B. Feuerwehraufzüge mit geeigneten Vorräumen), Belange sensorisch behinderter Menschen werden darin kaum erwähnt. Außerdem ist die Entwicklung allgemein anerkannter Technischer Regeln des barrierefreien Bauens nur teilweise abgeschlossen.

Folgende Punkte sind für die Notfallbewältigung relevant:
Primäres Ziel ist der Schutz des Lebens und der körperlichen Unversehrtheit, d. h. die Verbesserung der objektiven und möglichen Sicherheit. Behinderte Menschen und andere Personen mit Mobilitätsbeinträchtigungen haben Anforderungen an die Gestaltung öffentlich zugänglicher Gebäude und Infrastruktureinrichtungen, jeweils einschließlich der jeweils zugehörigen Informations- und Kommunikationseinrichtungen.

Den beschriebenen Maßnahmen liegen jedoch überwiegend Anforderungen für die regelmäßige Nutzung zugrunde. Der Notfall mit möglicherweise erweiterten und speziellen Anforderungen an bauliche und organisatorische Maßnahmen oder Ausstattungen sollte in allen Planungen explizit thematisiert werden.

Werden Hochhäuser und öffentliche Gebäude mit hoher Benutzerfrequenz neu errichtet, ist die Erfüllung wesentlicher Kriterien barrierefreier Gestaltung inzwischen zur Selbstverständlichkeit geworden, zumal dies in den Vorschriften bestimmt und durch Normen konkretisiert wird. Bei öffentlich zugänglichen Gebäuden im Bestand sind zwar deutliche Fortschritte in Bezug auf eine möglichst weitreichende Barrierefreiheit erzielt worden; allerdings gibt es auch noch Nachholbedarf. Aus unterschiedlichen Gründen ist die barrierefreie Gestaltung im Nachhinein häufig erschwert, bzw. u. U. nicht mehr durchführbar. Daher kommt einer frühzeitigen Berücksichtigung der Belange behinderter Menschen bei der Bewältigung von Notfallsituationen vor allem unter dem Aspekt der selbstbestimmten Teilhabe, aber nicht zuletzt aus wirtschaftlichen Gründen, eine große Bedeutung zu, da beispielsweise die Forderung nach einer Sprinkleranlage oder einem bevorzugten Aufzug eine enorme Größenordnung darstellt, die in Bezug zur Personenanzahl zu setzen ist.

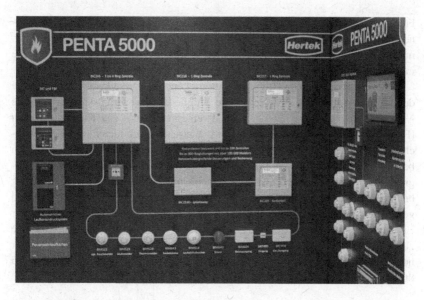

Damit in jedem Fall gewährleistet ist, dass insbesondere behinderte Menschen Notfallsituationen bewältigen können, müssen grundlegende Voraussetzungen bei der baulichen Gestaltung, der technischen Ausrüstung oder der Organisation erfüllt sein. Speziell für die eigenständig durchgeführte Alarmierung oder Rettung sind die örtlichen Gegebenheiten entscheidend (Übertragung von Signalen durch Betonwände). Aber auch wenn eine Eigenrettung nicht möglich ist, kann die Berücksichtigung von bestimmten Voraussetzungen die Rettung behinderter Menschen durch Dritte vereinfachen und damit zu einer erhöhten Sicherheit führen.

Die Eigenrettung in Notfallsituationen wird für behinderte Menschen und andere Menschen mit Mobilitätsbeeinträchtigung maßgeblich erleichtert, wenn folgende grundlegende Voraussetzungen erfüllt werden können:

- Barrierefreie Gestaltung des 1. Rettungsweges: Auf gesamter Länge barrierefreie Mobilitätsketten für motorisch und sensorisch behinderte Menschen,
- Bestenfalls zusätzlich barrierefreie Gestaltung des 2. Rettungswegs sowie
- gute Wahrnehmbarkeit von Alarmsignalen für sensorisch behinderte Menschen.

Für diese Idealfälle und unter diesen anzustrebenden Umständen ist im Allgemeinen eine Rettung ohne fremde Hilfe und ohne besondere Erschwernisse – bzw. im Fall der Alternative zur Personenaufzugsnutzung – ohne besondere Probleme möglich.

Alternativ wird fremde Hilfe zur Rettung benötigt. Diese kann beispielsweise durch die persönliche Assistenz, andere Mitglieder einer Gruppe, andere mobile Nutzer, Betriebspersonal oder – nach deren Eintreffen – von Rettungsdiensten (Feuerwehr) erfolgen. Auch Helfer und Assistenten profitieren von den baulichen Maßnahmen zur Bewältigung von Notfallsituationen behinderter Menschen bei der barrierefreien Gestaltung von Rettungswegen: Sowohl für sich selbst aufgrund der i. d. R. einfacher zu bewältigenden Wege als auch bei der Rettung behinderter oder mobilitätseingeschränkter Menschen. Gerade für diesen Fall sind geeignete Vorkehrungen für eine ggf. notwendige Unterbrechung barrierefreier Eigenrettungs-Ketten zu treffen; Insbesondere bei einem Brandereignis ist eine zuverlässige Alternative zur Nutzung von Personenaufzügen für Rollstuhlnutzer herzustellen, soweit die Personenaufzüge die einzige stufenlose Verbindung zu öffentlich zugänglichen Ebenen bilden.

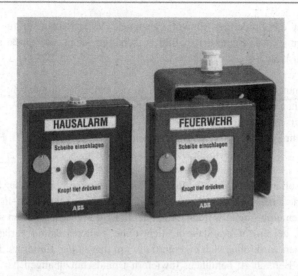

Sofern eine Selbstrettung nicht ermöglicht werden kann, ist es umso wichtiger, dass behinderte Menschen und andere Personen mit Mobilitätsbeeinträchtigung selbst fremde Hilfe anfordern können. Das gilt für die Alarmauslösung im Brandfall, aber auch für individuelle Notfälle. Es sollten also Vorkehrungen getroffen werden, die eine hindernisfreie Zugangsmöglichkeit und einfache Nutzungsmöglichkeit von Notrufanlagen für motorisch und sensorisch behinderte Menschen gewährleisten.

Wie dies in der Praxis aussehen kann, hängt von den örtlichen Gegebenheiten ab. Es ist zu prüfen, ob die Alarmmeldung zugänglich und ohne Erschwernisse für gehbehinderte Menschen nutzbar ist. Wenn eine barrierefreie Gestaltung nicht realisiert wird, sind andere Maßnahmen, z. B. im Rahmen eines Brandschutzkonzeptes, vorzusehen.

Es kann sinnvoll sein, dass behinderte Menschen oder andere mit Mobilitätsbeeinträchtigung selbst die Ausbreitung eines Entstehungsbrandes frühzeitig bekämpfen (auch zu Gunsten der eigenen Sicherheit). Eine Forderung nach Vorhaltung barrierefreier Handfeuerlöscher etc. ist jedoch praxisfremd (u. a. Bedienung und Gewicht) und würde das Sicherheitsniveau allenfalls marginal erhöhen. Im Sinne barrierefreier Produkte wäre es z. B. denkbar, das zulässige Gewicht zu senken, die Möglichkeit der Einhandbedienung zu schaffen o. Ä., was sicherlich auf Kosten der Wirksamkeit nicht realistisch ist.

Ein persönliches Sicherheitsgefühl in Form von subjektiver Sicherheit („hier fühle ich mich sicher") ist kein belastbarer Maßstab für die objektive Sicherheit.

Dennoch ist die Forderung sinnvoll, geeignete Voraussetzungen für ein relativ hohes subjektives Sicherheitsgefühl zu schaffen, denn eine große subjektive Unsicherheit kann:

- Zum Benutzungshindernis werden, d. h. der selbstbestimmten Teilhabe entgegenstehen (als „weicher Faktor", ähnlich wie unfreundliches Personal oder starke Verschmutzungen).
- Die Gefahr „panischer" Reaktionen bei einem vermeintlichen (z. B. Fehlalarm) oder tatsächlichen Eintritt eines Notfalls verstärken.

Allerdings sollten gerade auch behinderte Menschen nicht „in falscher Sicherheit gewiegt" werden, sondern zielgerichtet informiert möglichst auch in Evakuierungsübungen einbezogen werden. Auch behinderte Menschen dürfen sich in der Regel, z. B. bei einem Brandalarm, nicht ohne Weiteres darauf verlassen, dass Hilfe kommen wird, ohne sich eigeninitiativ um das zügige Entfernen aus einem gefährdeten Bereich zu bemühen. Inwiefern Brandschutzübungen bei dementen Patienten sinnvoll sind, muss individuell entschieden werden.

Empfohlene Mittel zur Erzielung positiver Effekte in Bezug auf die subjektive Sicherheit sind beispielsweise:

- Ansprechende architektonische Gestaltung (Formen, Farben, visuelle Kontraste, Materialwahl),
- begreifbare, einfache Gebäudestrukturen,
- angenehmes Raumklima,
- Vermeidung von Überfüllung,
- Geräuschdämpfung, Nachhallreduzierung,
- Orientierungshilfen, deutliche Beschilderung,
- gute, blendfreie Ausleuchtung,
- Sichtachsen, transparente Trennwände und Türen, aber auch
- Sichtschutz an Brüstungen und transparenten Aufzügen (zum Schutz von Höhenangst-gefährdeter Menschen).

In Notfallsituationen benötigen behinderte Menschen ggf. fremde Hilfe. Diese kann von einfachen Tätigkeiten (z. B. Anzeige von Alarmsignalen, Verhaltenshinweise, Warnung vor Gefahren) bis hin zu aufwendigen Hilfsmaßnahmen unter Einsatz von Rettungsgroßgeräten reichen.

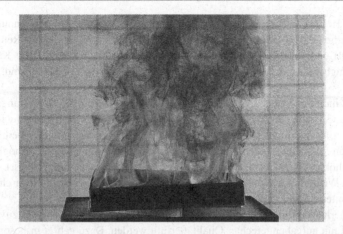

Da schnelle und direkte Hilfe im Allgemeinen die beste Lösung darstellt, sind nicht nur Betriebs- und Servicepersonal, sondern auch andere Beschäftigte, anwesende Besucher etc. dazu angehalten, gerade bei Brandereignissen und vergleichbaren Notfallsituationen auf hilfsbedürftige Menschen zu achten, was eigentlich selbstverständlich ist. Andererseits können unsachgemäße Hilfsversuche gefährlich für die betreffenden behinderten Menschen, u. U. auch für die Helfer werden (z. B. der Versuch, einen schweren Elektrorollstuhl mit manueller Kraft zur Überwindung eines Hindernisses anzukippen oder anzuheben).

Fremde Hilfe ist dann effizient, wenn:

- die Helfer die betreffenden Mobilitätseinschränkungen und Fähigkeiten der hilfebenötigenden behinderten Menschen kennen bzw. erkennen (z. B. am Langstock, Rollstuhl oder „Schutzzeichen"),
- bei nicht erkennbarer Beeinträchtigung diese ungefragt mitgeteilt bekommen oder erfragen – wenn die Art der Behinderung erkennbar ist, nicht aber der Umfang der Beeinträchtigung (bei einem Rollatornutzer kann z. B. die Frage wichtig sein, ob er Treppen – ggf. mit personeller Hilfe bewältigen kann),
- die Helfer hinreichende Kenntnisse darüber haben, welcher Art Hilfe die betreffenden behinderten Menschen im Allgemeinen und insbesondere im konkreten Notfall brauchen (z. B. Information, Orientierungshilfen, punktuelle Unterstützung bei der Eigenrettung – z. B. Öffnen einer schwergängigen Feuerschutztür, Notwendigkeit der gezielten Hilfe durch professionelle Rettungskräfte)

- die Helfer wissen, welche Kommunikationsanlagen (z. B. Telefonnummer
  für direkte Verbindung zur Betriebszentrale), Rettungsgeräte (z. B. Rettungsstuhl) und sonstige Ausstattungen für Hilfsmaßnahmen (Erste Hilfe Kasten)
  verfügbar sind, wo diese zu finden sind und wie diese zu bedienen sind.

Die Fremdrettung über nicht barrierefreie Rettungswege, z. B. Hubrettungsfahrzeuge und Drehleitern, kann sich bei behinderten Menschen zum Teil schwieriger
gestalten als bei nicht behinderten Menschen. Insbesondere gilt dies beim Einsatz von tragbaren Feuerwehrleitern oder Sprungpolstern (diese ermöglichen
Sprunghöhen bis zu 16 m, wenn z. B. der erste Rettungsweg blockiert ist).

Die Wiederholung dieses Textes dient der Schlüssigkeit beim Nachschlagen
bestimmter Kapitel.

Sicherheitsanforderungen die bedarfsmäßig begründet sind, müssen zuverläs-
sig und mit aufgabengerechter Qualität erfüllt werden. Dazu gehört insbesondere:

- Sicherheitsrelevante Merkmale barrierefreier Gestaltung müssen bei der Baudurchführung vollständig und unter Einhaltung der vorgegebenen Bautole-
  ranzen und der geforderten Materialeigenschaften umgesetzt werden (z. B.
  Mindestdurchgangsbreiten, durchgängige ev. Beiderseitige Handläufe, abnut-
  zungsfeste Markierungen).
- Sicherheitsrelevante Komponenten müssen in der Regel redundant ausgebildet
  sein (z. B. bei Alarmierungssystemen, Feuerwehraufzügen, Sicherheitsbe-
  leuchtungen).
- Sicherheitsrelevante Qualitätsanforderungen barrierefreier Gestaltung sollten
  nach objektiven Kriterien belegt werden (z. B. Messungen der Hörbar-
  keit akustischer Signale, der Wahrnehmbarkeit visueller Kontraste und der
  Rutschhemmung bei Bodenbelägen).
- Sicherheitsrelevante betriebliche/organisatorische Vorkehrungen müssen stets
  einsatzfähig sein (z. B. ständige Besetzung der Betriebszentrale eines Gebäudes, an der Notrufe behinderter Menschen auflaufen können).
- Rettungskräfte und Betriebspersonal sollten daraufhin geschult sein; behinderten Menschen im Notfall anforderungsgerecht Hilfe zu leisten (z. B.
  Durchführung gemeinsamer Evakuierungsübungen).
- Die Einhaltung sicherheitsrelevanter Anforderungen muss überwacht und kon-
  trolliert werden (z. B. Kontrolle der Freihaltung von Fluchtwegen, zügiger
  Austausch schadhafter Kommunikationsgeräte).

Zum großen Teil sind diesbezügliche Forderungen nach Zuverlässigkeit und Qualität auch für die Bewältigung von Notfallsituationen nicht behinderter Menschen bedeutsam. Allerdings haben diese es im Allgemeinen einfacher, auf Schwierigkeiten zu reagieren (z. B. beim Öffnen schwergängiger Türen, der Bewältigung von Umwegen oder bei kaum verständlichen akustischen Durchsagen). Die laufenden Überprüfungen kann beispielsweise ein bestellter Brandschutzbeauftragter durchführen.

Individuelle und persönlichen Umstände für behinderte Menschen spielen insbesondere in Notfällen die, unter denen sie in einem Gebäude unterwegs sind, eine wichtige Rolle. Zu unterscheiden ist hier z. B. in die folgenden Fälle:

- Unbegleitete Menschen,
- Menschen mit individueller Assistenz,
- Menschen mit Begleitdienst,
- Zugangskontrolle bzw. Voranmeldung,
- Gruppen behinderter Menschen.

Die Anforderungen unbegleiteter Menschen mit Behinderungen an Maßnahmen zur Bewältigung von Notfallsituationen leiten sich direkt aus den individuellen Einschränkungen, die sich durch Art und Grad der Behinderung ergeben, ab.

Die jeweiligen Anforderungen sind i. d. R. höher, als sie es bei Menschen ohne Behinderungen sind.

Schwierigkeiten bei der Bewältigung von Notfallsituationen (Alarmierung oder Eigenrettung) lassen sich durch Begleitung in gewissem Umfang kompensieren. Dennoch sollte auf die Umsetzung von baulichen Maßnahmen oder Ausstattungen zur weitgehenden Sicherstellung einer selbstständigen Rettung oder Alarmierung nicht verzichtet werden. Auch dann nicht, wenn seitens der Gebäudebetreiber oder aus individuellen Gründen eine Begleitung erforderlich ist.

Abhängig vom Grad der Behinderung können Menschen mit Behinderung eine persönliche Assistenz in Anspruch nehmen. Diese Assistenz ist i. d. R. ständiger Begleiter und kann daher ggf. auch bei Notfallsituationen Hilfestellung geben. Allerdings ist zu berücksichtigen, dass es sich üblicherweise um ebenfalls ortsunkundige Personen handelt. Daher können sich in einem Notfall zwar Verbesserungen ergeben, z. B. bei der Unterstützung beim Öffnen von Türen oder der Anforderung von Hilfe. Gleichzeitig bestehen aber ggf. auch für die Begleitperson Schwierigkeiten bei der Orientierung im Gebäude oder Defizite über das Notfallmanagement. Daraus wird ersichtlich, dass geeignete Maßnahmen zur Verbesserung der Situation für behinderte Menschen in vielen Fällen allen Menschen zu Gute kommen (z. B. verbesserte Orientierung).

Besteht seitens eines Gebäudebetreibers aus nutzungsspezifischen Gründen die Auflage einer ständigen Begleitung von (behinderten und nichtbehinderten) Besuchern, ist für die überwiegende Zeit des Besuchs die objektive und subjektive Sicherheit der Gäste erhöht. („Patenfunktion"). Nur für wenige Bereiche, die die Wahrung der Privatsphäre erfordern, besteht dann keine unmittelbare Begleitung. Bei ortskundigem und geschultem Begleitdienst bestehen Vorteile hinsichtlich

- Der Orientierung im Gebäude,
- der Nutzung von Notfall- und Alarmierungseinrichtungen sowie

- dem Wissen um Abläufe beim Notfallmanagement.

Dennoch sollten diese Maßnahmen kein Ersatz für adäquate bauliche Maßnahmen und Ausstattungen sein.

Gebäude mit Zugangskontrolle bzw. Voranmeldung beeinflussen die Art und den Umfang der Anforderungen, die für eine Rettung und Alarmierung durch nichtbehinderte und behinderte Nutzer erforderlich sein können. Der Servicedienst oder Empfang erhält über die Anwesenheit eines Menschen mit Behinderung Kenntnis, wenn es sich um eine offensichtliche Behinderung handelt. Damit besteht die Möglichkeit, zielgerichtet Informationen über Rettungs- und Alarmierungsmaßnahmen weiterzugeben oder auch Informationen an Rettungskräfte zu übermitteln. Damit kann die Sicherheit der Nutzer mit einer Behinderung erhöht werden. Bei Behinderungen, die nicht offensichtlich erkennbar sind, besteht für den Servicedienst allerdings keine Möglichkeit, Hilfestellung zu geben. Diese Vorgehensweise ist nur präventiv.

Die Zugangskontrolle und die Begleitung sollten im Sinne einer weitgehend umfassenden Barrierefreiheit sowie der gleichberechtigten Teilhabe kein Ersatz für bauliche Maßnahmen, Ausstattungen oder weitere organisatorische Maßnahmen sein, die die Eigenrettung oder selbst durchgeführte Alarmierung von Menschen mit Behinderung fördern. Denn es kann auch bei einer Voranmeldung oder Begleitung nicht immer die ständige Verfügbarkeit einer Hilfsperson vorausgesetzt werden, sodass das Ziel der Selbstrettung (auch Erreichbarkeit sicherer Bereiche) bzw. eigenständigen Hilfeanforderungen als wichtiges Ziel Priorität bei der Umsetzung von Maßnahmen haben sollte. Zugangskontrolle und Begleitung können jedoch als organisatorische Maßnahmen wichtige Bausteine in einem Bündel von Maßnahmen sein, um die subjektive und objektive Sicherheit von Menschen mit Behinderungen in Notfällen zu erhöhen.

Bei Besichtigungen, Ausstellungen oder auch Versammlungen treten nicht selten Gruppen behinderter Menschen auf. Dabei kann es sich um Gruppen von Menschen mit ähnlichen Behinderungen handeln oder aber auch um eine heterogene Gruppe mit unterschiedlichsten Behinderungen.

Gruppen behinderter Menschen können einerseits die eigenständige oder unterstützte Bewältigung von Notfällen erleichtern, da die Möglichkeit der gegenseitigen Hilfe besteht oder die Gruppe ggf. über eine ständige Begleitung verfügt, Auch besteht mehr Aussicht auf ein leichteres Auffinden durch Rettungskräfte.

Anderseits erfordern Gruppen behinderter Menschen u. U. besondere Anforderungen an den Besucherservice eines Gebäudebetreibers oder auch bereits an
die Planung. Das kann eine größere Bemessung von Rettungsanlagen, z. B. der
Warteflächen in sicheren Bereichen, erforderlich machen.

Der Bedarf zusätzlicher betrieblicher Vorkehrungen kann sich ergeben, z. B.
durch einen erhöhten Einsatz von Personal (organisatorische Maßnahmen), um die
Sicherheit der Nutzer auch im Notfall zu gewährleisten. Sind regelmäßig größere
Gruppen behinderter Menschen zu erwarten, sollte das auch bei der Ausstattung
des Gebäudes mit besonderen Einrichtungen berücksichtigt werden, z. B. durch
die Ausstattung mit einer angemessenen Anzahl von Rettungsstühlen.

Um die Anforderungen an eine effektive Notfallbewältigung in Gebäuden und
Erschließungsanlagen darzustellen, sind die realen Schwierigkeiten bedeutsam,
die behinderte Menschen und andere Personen mit Mobilitätsbeeinträchtigungen dabei haben können. Auf die gesetzliche Definition des Begriffs „behindert"
kommt es hier weniger an.

Zu den Menschen, die in Bezug auf die Zugänglichkeit und Nutzbarkeit von
Gebäuden als mobilitätseingeschränkt anzusehen sind gehören Menschen mit sehr
verschiedenen Fähigkeiten und unterschiedlichen Schwierigkeiten („funktionelle"
Definition der Mobilitätsbeeinträchtigung). Als mobilitätseingeschränkt im enge-
ren Sinne gelten Menschen, die wegen dauernder Beeinträchtigung oder akuter
Erkrankung in ihrer Mobilität stark eingeschränkt sind. Hierzu rechnen:

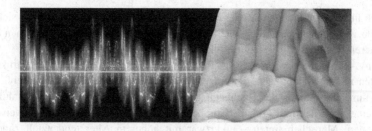

- Körperbehinderte Menschen (auch als motorisch behindert bezeichnet) wie gehbehinderte, stehbehinderte, oberkörperbehinderte, kleinwüchsige, greifbehinderte Menschen,
- sprachbehinderte Menschen,
- wahrnehmungsbehinderte, d. h. blinde, sehbehinderte, gehörlose, ertaubte und schwerhörige Menschen
- Menschen mit kognitiven Schwierigkeiten, mit Orientierungsschwierigkeiten oder psychischer Behinderung (u. a. Menschen mit schweren Angstzuständen oder Zwangsverhalten) sowie
- Menschen, die regelmäßig versorgt und betreut werden müssen.

Selbst Mehrfachbehinderungen sind nicht selten (z. B. altersbedingte Schwerhörigkeit bei einem stark sehbehinderten Menschen; Greifeinschränkung bei einem Rollstuhlnutzer). Mit zunehmendem Grad der Behinderung wächst der Hilfebedarf im Normal- und Notfall.

Neben Mobilitätsbeeinträchtigungen im engeren Sinne sind für die Anforderungen an die barrierefreie Gestaltung solche Bewegungs- und Nutzungseinschränkungen zu beachten, die in einem weiteren Sinne die Mobilität deutlich einschränken. Sie betreffen diejenigen Menschen, deren Mobilität zeitweise oder in bestimmten Situationen erschwert ist:

- hochbetagte und gebrechliche Menschen
- kleine Kinder
- werdende Mütter
- vorübergehend mobilitätseingeschränkte Menschen mit zeitlich begrenzten Unfall-/Krankheitsfolgen oder postoperativen Beeinträchtigungen
- Menschen mit Kinderwagen oder schwerem/unhandlichem Gepäck
- fremdsprachige Menschen sowie Analphabeten.

Nach übereinstimmenden Aussagen aus unterschiedlichen Erhebungen ist sicher davon auszugehen, dass der Anteil der mobilitätseingeschränkten Menschen im weiteren Sinne an der Gesamtbevölkerung über 30 % beträgt.

In Anbetracht der prognostizierten starken Veränderung der Altersstruktur in den nächsten Jahrzehnten (weniger jüngere/mehr ältere Menschen/erhebliche Zunahme des Anteils der Hochbetagten), wird sich die barrierefreie Gestaltung für eine noch deutlich größere Gruppe von Menschen als notwendig erweisen. Bei alten Menschen treten – und zwar mit höherem Alter tendenziell zunehmend – verschiedene sensorische, kognitive oder körperliche Einschränkungen auf. Eine einzelne Einschränkung muss in ihrer Auswirkung nicht den Schweregrad einer Behinderung (nach gesetzlicher Definition) erreichen. Häufig treffen jedoch mit fortschreitendem Alter mehrere Einschränkungen zusammen. Die Summe der Auswirkungen dieser Einschränkungen kann auch den Schweregrad einer Behinderung erreichen.

Um geeignete Maßnahmen, insbesondere für Hochhäuser und öffentliche Gebäude mit hoher Benutzerfrequenz, auszuwählen, müssen zunächst die Anforderungen behinderter Menschen möglichst genau bekannt sein. Dabei sind für die verschiedenen Gruppen behinderter Menschen zum Teil unterschiedliche Kriterien maßgebend. Für Rollstuhlbenutzer gelten andere Merkmale, als für sehbehinderte Menschen bedeutsam sind. Auch innerhalb der verschiedenen Nutzergruppen können die Anforderungen in Abhängigkeit von den individuellen Fähigkeiten teils erheblich variieren.

Übereinstimmende und zusätzliche, unterschiedliche Anforderungen.

Hinsichtlich der Bewältigung von Notfällen stimmen die Anforderungen von Menschen mit Behinderung mit den Anforderungen von Menschen ohne Behinderung grundsätzlich überein. Bauliche und organisatorische Maßnahmen, wie z. B.

- kurze Fluchtwege,
- schnelles Eintreffen von Rettungskräften,
- geeignete Branddetektionssysteme und
- zuverlässige Informationen im Störfall

kommen allen Menschen zugute.

Darüber hinaus ergeben sich weitergehende und zusätzliche Anforderungen von Menschen mit Behinderung, z. B. hinsichtlich einer besonderen Gestaltung von Fluchtwegen oder der Art der Informationsdarbietung.

Die Anforderungen hängen außerdem von weiteren Faktoren ab:

- ggf. vorhandener persönlicher Assistenz,
- personenbezogener (individueller) technischer Hilfsmittel (z. B. Rollator, Handy mit Notruf-Funktion),
- der Kenntnis des Gebäudes sowie der Rettungsmöglichkeiten (z. bei Beschäftigten oder Besuchern mit häufiger Anwesenheit im Gebäude),
- Mobilitätstraining sowie des Übens der Bewältigung von Notfällen sowie der Nutzung des Gebäudes als Einzelperson oder innerhalb einer Gruppe.

Anforderungen von Rollstuhlbenutzern

Rollstuhlbenutzer werden von der Öffentlichkeit im Allgemeinen am ehesten mit dem Begriff „behinderte Menschen" in Verbindung gebracht. Das Piktogramm „Rollstuhlbenutzer" steht oft als Synonym für behinderte Menschen insgesamt. Die überwiegende Anzahl der Rollstuhlbenutzer ist nicht im Stande zu gehen und in der Regel auch nicht in der Lage zu stehen. Werden die daraus resultierenden Anforderungen berücksichtigt, lässt sich zugleich eine Vielzahl von Ansprüchen anderer körperbehinderter Menschen erfüllen. Das gilt vor allem hinsichtlich des Flächenbedarfs, der stufenlosen Ausbildung von Wegen sowie der Anordnung und Gestaltung von Bedienungselementen.

Verschiedene Rollstuhltypen

Auch innerhalb der Gruppe der Rollstuhlbenutzer bestehen erhebliche Unterschiede hinsichtlich der Mobilitätsbeeinträchtigung, insbesondere in Bezug auf Oberkörperkräfte und Greiffähigkeit. Daher ist ein Teil der Rollstuhlbenutzer auf ständige persönliche Assistenz oder situationsabhängig auf Serviceleistungen bzw. fremde Hilfe angewiesen. Die Notwendigkeit einer ständigen persönlichen Assistenz im Normalfall erleichtert zugleich die Bewältigung von Notfällen (die Begleitperson kennt im Allgemeinen die Anforderungen des behinderten Menschen. Sie kann selbst Hilfe leisten und in der Regel einfacher fremde Hilfe aktivieren als der behinderte Mensch im Rollstuhl).

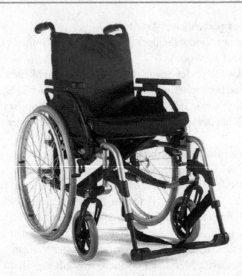

Wegen der individuell unterschiedlichen Anforderungen (Körpergröße, Gewicht, Art und Grad der Behinderung, Einsatzort) wird eine Vielzahl unterschiedlicher Rollstuhltypen angeboten. Entsprechend dem individuellen Bedarf können bzw. müssen dabei einzelne Komponenten noch variiert/angepasst werden (u. a. Sitzform und -höhe, Fußstützen, Rückenlehne, Arm- und Nackenlehne, Gurte, Radgrößen, Steuerungseinheit, Zubehör). Die verschiedenen Rollstuhltypen lassen sich grob in folgende Rollstuhlarten gliedern.

- Greifreifenrollstühle (für Rollstuhlbenutzer, die sich im Allgemeinen mit eigener Körperkraft bewegen)
- Schieberollstühle (für Rollstuhlbenutzer, die zur Fortbewegung regelmäßig von einer Begleitperson geschoben werden)
- Elektrorollstühle (für die Fortbewegung mittels Elektroantrieb
- Elektro-Scooter (auch als Elektromobile bezeichnet, vorwiegend für die zügige Fortbewegung im öffentlichen Straßenraum).

Die Greifreifen-, Schieberoll- und Elektrorollstühle, bzw. ihre Komponenten können entsprechend den Rahmenbedingungen des jeweiligen (möglichst weitreichend barrierefreien) Einsatzortes gewählt werden (z. B. für den Wohnbereich: kleine Räder, leichte Rangierfähigkeit, geringes Gewicht; für den öffentlichen Verkehrsraum: größere Räder, robustere Ausführung – größere Antriebsleistung bei Elektrorollstühlen für höhere Fortbewegungsgeschwindigkeit). Bei Optimierung des Rollstuhls für einen Haupteinsatzort bedeutet das häufig, dass für andere Einsatzwecke der Rollstuhl gewechselt werden muss. Daher wird in vielen Fällen ein Kombirollstuhl für den Gebäude- und Straßeneinsatz gewählt, der dann notwendigerweise Kompromisseigenschaften aufweist.

Außerdem werden in zunehmenden Maße in Bereichen mit großem Publikumsverkehr Leihrollstühle für die Benutzung in dem betreffenden Gebäude bzw. auf der betreffenden Anlage zur Verfügung gestellt, u. a. auf Messegeländen, Friedhöfen, Flughäfen, großen Bahnhöfen, Freizeitanlagen und Krankenhäusern. Diese Angebote sind vorteilhaft für diejenigen Nutzer, die nur für bestimmte Zwecke, z. B. lange Besichtigungen einen Rollstuhl benötigen, sowie für behinderte Menschen (bzw.) deren Begleiter, für die der Verzicht auf die Mitnahme des eigenen Rollstuhls (z. B. bei Anfahrt mit dem eigenen Pkw) die Beförderung vereinfacht. Zum Teil sind die betreffenden Angebote auch dem Umstand geschuldet, dass vorhandene Gebäude, Wege oder Transportmittel nicht für jeden Rollstuhltyp geeignet sind. Die Leihrollstühle, zumeist einfache Schieberollstühle, z. T. auch Elektrorollstühle, sind allerdings – da nur für zeitweilige Benutzung und für wechselnde Nutzer vorgesehen – nicht an den individuellen Bedürfnissen bzw. Wünschen angepasst.

Übung der Rollstuhlnutzung, Gerätesicherheit

Die sichere Benutzung eines Rollstuhls erfordert Übung. Andernfalls besteht schon beim Einsatz im Normalfall die Gefahr, des Anstoßens, Aufsetzens, Einklemmens oder Kippens. Bei der Nutzung von Rollstühlen in öffentlichen Gebäuden mit hoher Benutzerfrequenz sowie in Hochhäusern ist davon auszugehen, dass die Benutzer bzw. ihre persönlichen Begleiter mit der Rollstuhlnutzung vertraut sind. Aus dem ordnungsgemäßen Gebrauch ergeben sich dann keine besonderen Gefahren.

Aufgrund der Vielzahl unterschiedlicher Rollstuhltypen und -modelle ist die Normung nicht einfach. Anforderungen und Prüfverfahren sind für Rollstühle mit Muskelkraftantrieb in DIN EN 12183 und für Elektrorollstühle und -mobile in DIN EN 12184 genormt. Wegen der elektrischen Komponenten stellen Elektrorollstühle (bzw. muskelkraftangetriebene Rollstühle mit elektrischer Zusatzeinrichtung) und ihre Ladegeräte zwar – wie vergleichbare andere batteriebetriebene Elektrogeräte – grundsätzlich Risikofaktoren dar (Kurzschluss- und Brandgefahr, u. U. Auslaufen von Batteriesäure).

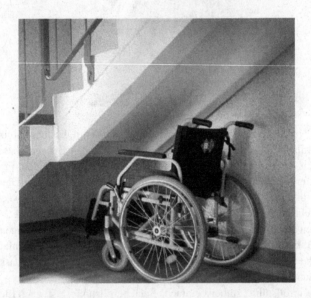

Für den Rollstuhlwechsel und für das Abstellen eines Rollstuhls wird ausreichender Platz benötigt. Dieser darf sich nicht mit notwendigen Bewegungsflächen barrierefreier Wege, insbesondere von Rettungswegen, überlagern. Zum Wechseln des Rollstuhls benötigt ein großer Teil der Rollstuhlbenutzer personelle Hilfe. Manche Rollstuhlbenutzer können allerdings auf den eigenen, anforderungsgerechten

Spezialrollstuhl auch nicht für kurze Zeit verzichten. Z. B. evtl. zu geringe Fahrkorbabmessungen im Bestand; ggf. zu geringe Tragfähigkeit denkmalgeschützter Fußböden.

Die Anforderungen an einen barrierefrei gestalteten ersten Rettungsweg, der die Eigenrettung von Rollstuhlbenutzern ohne fremde Hilfe ermöglicht, erstrecken sich insbesondere auf folgende Merkmale:

- Die Vermeidung von Treppen und Stufen,
- die Bemessung von Bewegungsflächen (Flure, Durchgänge, Türöffnungen, Rampenbreiten, Rangier- und Wendeflächen, Begegnungsflächen),
- die Nutzbarkeit von Türen (notwendiger Kraftaufwand bei der Bedienung von Türen, einschließlich Feuer- und Rauchschutztüren; Anordnungshöhe, -abstand und Form von Türdrückern und -griffen; bei Automatiktüren Anordnungshöhe und -abstand von Tastern); Drehtüren müssen in Fluchtrichtung aufschlagen,
- das Neigungsmaß (Steigungen und Gefälle) von Rampen,
- die Vermeidung von Schwellen und unteren Türanschlagen,
- die Berollbarkeit der Bodenbeläge,
- die Gesamtlänge des horizontalen Rettungsweges und der Rampen im Verlauf des Rettungsweges und
- die Weglänge bis zum Erreichen des nächsten Brandabschnittes bzw. zum ggf. vorhandenen, nächstgelegenen sicheren Wartebereich (z. B. Vorraum eines Feuerwehraufzuges) sowie die Bemessung von Warteflächen in sicheren Bereichen (auch unter Berücksichtigung der zu erwartenden Zahl schutzsuchender Rollstuhlnutzer).

Die Anforderungen an die barrierefreie Gestaltung des ersten Rettungswegs sind in der Regel erfüllt, wenn die Darstellungen der DIN 18040-1 umgesetzt sind. Soweit die barrierefreie Eigenrettungs-Kette unterbrochen ist, insbesondere durch Treppen bzw. Personenaufzüge (als einzige stufenlose Verbindung), ergeben sich daraus Anforderungen an:

- Eine automatische Brandfallsteuerung der Aufzüge in sicheren Bereichen (für Rollstuhlnutzer, die sich zum Alarmierungszeitpunkt im Aufzug befinden) sowie
- die Anordnung sicherer Wartebereiche oder alternativ
- geeigneter betrieblicher Vorkehrungen zur Nutzung der Treppen (z. B. mittels Rettungsstühlen).

Anzustreben ist eine innovative Brandfallsteuerung, die die Aufzugsnutzung für Rollstuhlbenutzer noch nach Auslösung eines Brandalarms erlaubt (bei „unkritischen" Brandereignissen, d. h. solange es die Feuer- und Rauchentwicklung noch sicher zulässt.

Im Idealfall sollte der zweite Rettungsweg die gleichen Anforderungen barrierefreier Gestaltung erfüllen. Dies kann allerdings nicht zur essenziellen Forderung erhoben werden. Auch nichtbehinderte Menschen sind beim 2. Rettungsweg u. U. auf Fremdrettung angewiesen (Ausnahmen in Sonderbauten: z. B. zwei Sicherheitstreppenhäuser in Hochhäusern).

Eine weitere wichtige Anforderung bezieht sich auf die die Erreichbarkeit von Notfalleinrichtungen (z. B. Alarmknopf), d. h. insbesondere auf folgende Merkmale:

- Anordnung und Bemessung von Bewegungsflächen vor den Notrufanlagen
- Anordnungshöhe und -abstand von Notruftastern, Sprechanlagen, Telefonanlagen und
- Bedienbarkeit (Alarmauslösung auch durch greifbehinderte oder hinsichtlich der Feinmotorik beeinträchtigte Rollstuhlbenutzer).

Abmessungen und Gewicht von Rollstühlen
Mit den normierten bzw. empfohlenen Merkmalen liefern die oben genannten Normen DIN 12183 und DIN 12184 außerdem relevante Ausgangsdaten für die barrierefreie Planung von Infrastrukturanlagen, öffentlichen Verkehrsmitteln und Gebäuden (z. B. in Bezug auf die Ermittlung von Türbreiten, Fahrkorbabmessungen und Warteflächen).

Im Bestand sind bei ungünstigen Rahmenbedingungen bei einzelnen Merkmalen ggf. barrierereduzierte Lösungen im Einzelfall vertretbar; zu beachten sind aber auch weitergehende Anforderungen, z. B. in Bezug auf den Kraftaufwand bei der Bedienung von Feuer- und Rauchschutztüren. In Sanitärräumen muss gemäß DIN 18040-1 ein Notruf vom WC-Becken aus sitzend und vom Boden aus liegend ausgelöst werden können (DIN 18040-1).

Es ist auch unter der Maßgabe barrierefreier Gestaltung vertretbar, in öffentlich zugänglichen Gebäuden ausschließlich Muskelkraftangetriebene Rollstühle sowie Elektrorollstühle zuzulassen und Elektro-Scooter mit größeren Abmessungen auszuschließen. Dann sollten allerdings vor dem Haupteingangsbereich oder im Foyer witterungsgeschützte Abstellflächen und ggf. Plätze für den Wechsel auf einen gebäudekompatiblen Rollstuhl angeordnet werden.

Auch kann sich die Erfordernis zusätzlicher betrieblicher Vorkehrungen ergeben, z. B. ein erhöhter Einsatz von Personal (organisatorische Maßnahmen), um die Sicherheit der Nutzer auch im Notfall zu gewährleisten. Sind regelmäßig größere Gruppen behinderter Menschen zu erwarten, sollte das auch bei der Ausstattung des Gebäudes mit besonderen Einrichtungen berücksichtigt werden, z. B. durch die Ausstattung mit einer angemessenen Anzahl von Rettungsstühlen.

Behinderte Menschen und andere Menschen mit Mobilitätsbeeinträchtigung
Um die Anforderungen an eine effektive Notfallbewältigung in Gebäuden und Erschließungsanlagen darzustellen, sind die realen Schwierigkeiten bedeutsam, die behinderte Menschen und andere Menschen mit Mobilitätsbeeinträchtigungen dabei haben können. Auf die gesetzliche Definition des Begriffs „behindert" kommt es hier weniger an.

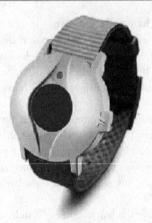

Zu den Menschen, die in Bezug auf die Zugänglichkeit und Nutzbarkeit von Gebäuden als mobilitätseingeschränkt anzusehen sind gehören Menschen mit sehr verschiedenen Fähigkeiten und unterschiedlichen Schwierigkeiten („funktionelle" Definition der Mobilitätsbeeinträchtigung). Als mobilitätseingeschränkt im engeren Sinne gelten Menschen, die wegen dauernder Beeinträchtigung oder akuter Erkrankung in ihrer Mobilität stark eingeschränkt sind. Hierzu rechnen:

- Körperbehinderte Menschen (auch als motorisch behindert bezeichnet) wie gehbehinderte, stehbehinderte, oberkörperbehinderte, kleinwüchsige, greifbehinderte Menschen,
- sprachbehinderte Menschen,
- wahrnehmungsbehinderte, d. h. blinde, sehbehinderte, gehörlose, ertaubte und schwerhörige Menschen
- Menschen mit kognitiven Schwierigkeiten, mit Orientierungsschwierigkeiten oder psychischer Behinderung (u. a. Menschen mit schweren Angstzuständen oder Zwangsverhalten) sowie
- Menschen, die regelmäßig versorgt und betreut werden müssen.

Auch Mehrfachbehinderungen sind nicht selten (z. B. altersbedingte Schwerhörigkeit bei einem stark sehbehinderten Menschen; Greifeinschränkung bei einem Rollstuhlnutzer). Mit zunehmendem Grad der Behinderung wächst der Hilfebedarf im Normal- und Notfall. Neben Mobilitätsbeeinträchtigungen im engeren Sinne sind für die Anforderungen an die barrierefreie Gestaltung solche Bewegungs- und Nutzungseinschränkungen zu beachten, die in einem weiteren Sinne die Mobilität deutlich einschränken.

Sie betreffen diejenigen Menschen, deren Mobilität zeitweise oder in bestimmten Situationen erschwert ist.

1) Fluchtweg zur Sammelstelle

Symbol:
Fluchtweg für Menschen im Rollstuhl

Dieses Symbol weist Ihnen den kürzesten Weg zur nächsten Sammelstelle.

Symbol:
Sammelstelle für Menschen im Rollstuhl

Dort ist der Treffpunkt, an dem Sie zusammen mit einem Gasteig-Mitarbeiter auf weitere Hilfe warten.

In einer größeren Wohnanlage wurden die Wohnungstüren gegen Rauchschutztüren mit Freilauftürschließer ausgetauscht und ein neues Flucht- und Rettungswegkonzept entwickelt. Damit es in der Praxis funktioniert, musste der Ablauf kompakt auf einer DIN A4-Seite schriftlich und bildlich dargestellt werden.

Im Endeffekt wurde die DIN A4-Seite in 15 Sprachen herausgegeben. Ganz wichtig war mir, dass jeder das Blatt in seiner Muttersprache persönlich im Beisein eines Hausmeisters erhält und Fragen sofort beantwortet werden konnten.

Baumaßnamen für Behinderte 8

In diesem Kapitel interessieren uns ergänzend zu dem vorigen Kapitel baurecht-
liche Regeln und Vorgaben, die explizit für Behinderte und Rollstuhlnutzer zu
beachten sind und damit für Flucht- und Rettungswege in Arbeitsstätten und
öffentlichen Gebäuden gelten.

Für Arbeitsstätten gelten die Technischen Regeln für Arbeitsstätten (ASR).
Die ASR V3a.2 konkretisiert im Rahmen des Anwendungsbereichs die Anforderungen an die Barrierefreie Gestaltung von Arbeitsstätten. Bei Einhaltung der
Technischen Regeln kann der Arbeitgeber insoweit davon ausgehen, dass die entsprechenden Anforderungen der Verordnung erfüllt sind. Wählt der Arbeitgeber
eine andere Lösung, muss er damit mindestens die gleiche Sicherheit und den
gleichen Gesundheitsschutz für die Beschäftigten erreichen.

© Der/die Autor(en), exklusiv lizenziert durch Springer Fachmedien
Wiesbaden GmbH, ein Teil von Springer Nature 2021
A. Merschbacher, *Flucht- und Rettungswege*,
https://doi.org/10.1007/978-3-658-32845-0_8

1. Zielstellung

Der Arbeitgeber hat Arbeitsstätten so einzurichten und zu betreiben, dass die besonderen Belange der dort beschäftigten Menschen mit Behinderungen im Hinblick auf die Sicherheit und den Gesundheitsschutz berücksichtigt werden.

2. Anwendungsbereich

1. Das Erfordernis nach barrierefreier Gestaltung von Arbeitsstätten im Hinblick auf die Sicherheit und den Gesundheitsschutz ergibt sich immer dann, wenn Menschen mit Behinderungen beschäftigt werden. Die Auswirkung der Behinderung und die daraus resultierenden individuellen Erfordernisse sind im Rahmen der Gefährdungsbeurteilung für die barrierefreie Gestaltung der Arbeitsstätte zu berücksichtigen. Es sind die Bereiche der Arbeitsstätte barrierefrei zu gestalten, zu denen die Beschäftigten mit Behinderungen Zugang haben müssen.
2. Sind in bestehenden Arbeitsstätten die im Rahmen der Gefährdungsbeurteilung nach Absatz 1 ermittelten technischen Maßnahmen zur barrierefreien Gestaltung mit Aufwendungen verbunden, die offensichtlich unverhältnismäßig sind, so kann der Arbeitgeber auch durch organisatorische oder personenbezogene Maßnahmen die Sicherheit und den Gesundheitsschutz der Beschäftigten mit Behinderungen in vergleichbarer Weise sicherstellen.

3. Die Pflichten des Arbeitgebers aus Absatz 1 beziehen sich nicht nur auf im Betrieb namentlich bekannte schwerbehinderte Beschäftigte, sondern auf alle Beschäftigten mit einer Behinderung. Eine Behinderung kann demnach auch dann vorliegen, wenn eine Schwerbehinderung nicht besteht (der Grad der Behinderung also weniger als 50 beträgt) oder die Feststellung einer Behinderung nicht beantragt worden ist.

Hinweise:

1. *Erforderliche Anpassungsmaßnahmen von Arbeitsstätten richten sich für schwerbehinderte Beschäftigte und diesen gleichgestellte Beschäftigte mit Blick auf das behinderungsgerechte Einrichten und Betreiben von Arbeitsstätten zudem nach § 81 Abs. 4 Nr. 4 Neuntes Buch Sozialgesetzbuch Rehabilitation und Teilhabe behinderter Menschen (SGB IX).*
2. *Das Erfordernis nach einer barrierefreien Gestaltung der Arbeitsstätte ergibt sich nicht, wenn Beschäftigte mit einer Behinderung trotz einer barrierefreien Gestaltung nicht zur Ausführung der erforderlichen Tätigkeiten fähig sind und diese Fähigkeiten auch nicht erwerben können.*

3. Begriffsbestimmungen

3.1   Eine Behinderung liegt vor, wenn die körperliche Funktion, geistige Fähigkeit oder psychische Gesundheit mit hoher Wahrscheinlichkeit länger als sechs Monate von dem für das Lebensalter typischen Zustand abweicht und dadurch Einschränkungen am Arbeitsplatz oder in der Arbeitsstätte bestehen. Behinderungen können z. B. sein: eine Gehbehinderung, eine Lähmung, die die Benutzung einer Gehhilfe oder eines Rollstuhls erforderlich macht, Kleinwüchsigkeit oder eine starke Seheinschränkung, die sich mit üblichen Sehhilfen wie Brillen bzw. Kontaktlinsen nicht oder nur unzureichend kompensieren lässt. Zu Behinderungen zählen z. B. auch Schwerhörigkeit oder erhebliche Krafteinbußen durch Muskelerkrankungen.

3.2   Eine barrierefreie Gestaltung der Arbeitsstätte ist gegeben, wenn bauliche
       und sonstige Anlagen, Transport- und Arbeitsmittel, Systeme der Informa-
       tionsverarbeitung, akustische, visuelle und taktile Informationsquellen und
       Kommunikationseinrichtungen für Beschäftigte mit Behinderungen in der
       allgemein üblichen Weise, ohne besondere Erschwernisse und grundsätzlich
       ohne fremde Hilfe zugänglich und nutzbar sind (in Anlehnung an § 4 des
       Gesetzes zur Gleichstellung behinderter Menschen – BGG).

3.3   Das Zwei-Sinne-Prinzip ist ein Prinzip der alternativen Wahrnehmung. Alle
       Informationen aus der Umwelt werden vom Menschen über die Sinne
       aufgenommen. Fällt ein Sinn aus, ist die entsprechende Informationsauf-
       nahme durch einen anderen Sinn notwendig. Informationen müssen deshalb
       nach dem Zwei-Sinne-Prinzip mindestens für zwei der drei Sinne „Hören,
       Sehen, Tasten" zugänglich sein (z. B. gleichzeitige optische und akustische
       Alarmierung).

3.4   Visuelle Zeichen sind sichtbare Zeichen. Das sind kodierte Signale, z.
       B. Schriften, Bilder, Symbole, Handzeichen oder Leuchtzeichen (z. B.
       Warnleuchten).

3.5   Akustische Zeichen sind hörbare Zeichen. Das sind kodierte Signale, z. B.
       Schallzeichen (z. B. Sirene), Sprache oder Laute.

3.6   Taktile Zeichen sind fühl- oder tastbare Zeichen. Fühlbare Zeichen sind kodierte Signale, z. B. Bodenindikatoren, Rippen- oder Noppenplatten. Tastbare Zeichen ermöglichen eine Verständigung mit erhabenen Schriften und Symbolen (z. B. Braille'sche Blindenschrift, geprägte Reliefpläne).

4. Allgemeines

1. Die Maßnahmen zur barrierefreien Gestaltung sind durch die individuellen Erfordernisse der Beschäftigten mit Behinderungen bestimmt. Hierbei sind technische Maßnahmen vorrangig durchzuführen.

2. Ist das Vorliegen der Behinderung und ihrer Auswirkungen auf die Sicherheit und den Gesundheitsschutz nicht offensichtlich, kann der Arbeitgeber Informationen über zu berücksichtigende Behinderungen von Beschäftigten z. B.
   – direkt von den behinderten Beschäftigten,
   – durch die Schwerbehindertenvertretung,
   – durch das betriebliche Eingliederungsmanagement,
   – durch die Gefährdungsbeurteilung oder
   – durch Erkenntnisse aus Begehungen durch die Fachkraft für Arbeitssicherheit oder den Betriebsarzt erhalten.

3. Zum Ausgleich einer nicht mehr ausreichend vorhandenen Sinnesfähigkeit (insbesondere Sehen oder Hören) ist das Zwei-Sinne-Prinzip zu berücksichtigen.

4. Zum Ausgleich nicht ausreichend vorhandener motorischer Fähigkeiten sind barrierefrei gestaltete alternative Maßnahmen vorzusehen, z. B.

   – das Öffnen einer Tür mechanisch mit Türgriffen und zusätzlich elektrome-chanisch mit Tastern oder durch Näherungsschalter oder

   – das Überwinden eines Höhenunterschiedes mittels Treppe und zusätzlich einer Rampe oder eines Aufzugs.

Hinweise:

1. *An Arbeitsstätten, die ganz oder teilweise öffentlich zugänglich sind, stellt das Bauordnungsrecht der Länder auch dann Anforderungen an die Barrierefreiheit, wenn dort keine Menschen mit Behinderungen beschäftigt sind.*

2. *Werden Grundsätze des barrierefreien Bauens bereits bei der Planung von Bau-maßnahmen berücksichtigt, können vorausschauende Lösungen die Kosten für eine nachträgliche Anpassung und einen aufwendigen Umbau von Arbeitsstätten bei einer künftigen Beschäftigung von Menschen mit Behinderungen verringern oder vermeiden.*

5. Maßnahmen

Die in den folgenden Anhängen genannten Anforderungen ergänzen die jeweils genannte ASR hinsichtlich der barrierefreien Gestaltung von Arbeitsstätten. Am Ende der Absätze wird in Klammern auf den jeweils betreffenden Abschnitt der in Bezug genommenen ASR verwiesen.

Anhang A1.2: Ergänzende Anforderungen zur ASR A1.2
„Raumabmessungen und Bewegungsflächen"
zu 4 Allgemeines

1. Bei der Festlegung der Grundflächen von Arbeitsräumen sind die besonderen Belange von Beschäftigten mit Behinderungen so zu berücksichtigen, dass sie ohne Beeinträchtigung ihrer Sicherheit, ihrer Gesundheit oder ihres Wohlbefindens ihre Arbeit verrichten können. Je nach Auswirkung der Behinderung ist insbesondere auf Nutzbarkeit der Arbeitsräume zu achten. (ASR A1.2 Pkt. 4 Abs. 1)

2. Für die Ermittlung der Grundflächen und Höhen des notwendigen Bewegungsfreiraumes am Arbeitsplatz sind in Abhängigkeit von den individuellen Erfordernissen der Beschäftigten mit Behinderungen erforderlichenfalls weitere Zuschläge zu berücksichtigen, z. B. für individuelle Hilfsmittel wie Prothesen, Unterarmgehhilfen oder Sauerstoffgeräte. (ASR A1.2 Pkt. 4 Abs. 3)

zu 5 Grundflächen von Arbeitsräumen

3. In Abhängigkeit von den individuellen Erfordernissen der Beschäftigten mit Behinderungen sind zusätzliche Flächen notwendig, z. B. für persönliche Assistenz, Assistenzhund (z. B. Blindenführhund), medizinische Hilfsmittel oder Elektrorollstuhl. (ASR A1.2 Pkt. 5 Abs. 1)

4. Für Rollatoren, Rollstühle oder Gehhilfen von Beschäftigten sind gegebenenfalls zusätzliche Stellflächen erforderlich, z. B. im Fall des Umsetzens vom Rollstuhl auf einen Arbeitsstuhl. Sofern Abstellplätze für Rollstühle außerhalb des Arbeitsraumes eingerichtet werden, z. B. im Eingangsbereich, ist für das Umsetzen von einem Außen- auf einen Innenrollstuhl eine Umsetzfläche von mindestens 1,50 m × 1,80 m notwendig. (ASR A1.2 Pkt. 5 Abs. 1)

zu 5.1 Bewegungsflächen der Beschäftigten am Arbeitsplatz

5. Wenn sich Beschäftigte am Arbeitsplatz von einem Rollstuhl auf einen Arbeitsstuhl umsetzen müssen, ist eine Bewegungsfläche von mindestens 1,50 m ×

Abb. 1 Überlagerung von
Stell- und
Bewegungsflächen bei
Unterfahrbarkeit von
Ausrüstungs- und
Ausstattungselementen
(Maße in cm)

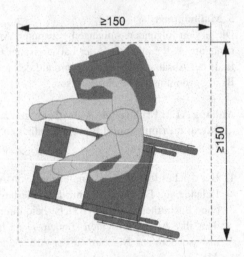

1,50 m erforderlich. Die Bewegungsflächen für das Umsetzen dürfen sich mit zusätzlich notwendigen Flächen nach Absatz 3 und zusätzlichen Stellflächen nach Absatz 4 überlagern (siehe Abb. 1). (ASR A1.2 Pkt. 5.1.1 Abs. 2)

6. Für Beschäftigte, die einen Rollstuhl benutzen, muss die Bewegungsfläche bei Nichtunterfahrbarkeit von Ausrüstungs- und Ausstattungselementen mindestens 1,50 m × 1,50 m und bei Unterfahrbarkeit mindestens 1,50 m × 1,20 m (siehe Abb. 2) betragen. (ASR A1.2 Pkt. 5.1.2)

7. Für nebeneinander angeordnete Arbeitsplätze gilt Absatz 6, sofern sich zwischen diesen Arbeitsplätzen Trennwände befinden. Sind Trennwände nicht vorhanden, reicht eine Breite der Bewegungsfläche von 1,20 m aus, wenn dabei die Erreichbarkeit des Arbeitsplatzes gewährleistet ist. (ASR A1.2 Pkt. 5.1.4)

zu 5.2 Flächen für Verkehrswege

8. Ergänzende Anforderungen an Flächen für Verkehrswege sind im Anhang A1.8: Ergänzende Anforderungen zur ASR A1.8 „Verkehrswege" und für Fluchtwege im Anhang A2.3: Ergänzende Anforderungen zur ASR A2.3 „Fluchtwege und Notausgänge, Flucht- und Rettungsplan" enthalten. (ASR A1.2 Pkt. 5.2)

Hinweis:
Ergänzende Anforderungen an Flächen an Türen sind im Anhang A1.7: Ergän-
zende Anforderungen zur ASR A1.7 „Türen und Tore" enthalten.

zu 5.5 Flächen für Sicherheitsabstände

9. Für Beschäftigte, die einen Rollstuhl benutzen, muss zur Vermeidung von Ganzkörperquetschungen bei seitlicher Anfahrbarkeit der Sicherheitsabstand mindestens 0,90 m betragen. (ASR A1.2 Pkt. 5.5)

**Anhang A1.3: Ergänzende Anforderungen zur ASR A1.3
„Sicherheits- und Gesundheitsschutzkennzeichnung"**

1. Bei der Sicherheits- und Gesundheitsschutzkennzeichnung sind die Belange der Beschäftigten mit Behinderungen so zu berücksichtigen, dass die sicherheitsrelevanten Informationen verständlich übermittelt werden. Zum Ausgleich einer nicht mehr ausreichend vorhandenen Sinnesfähigkeit ist das Zwei-Sinne-Prinzip zu berücksichtigen. Dies wird erreicht, indem
   – für Beschäftigte, die visuelle Zeichen nicht wahrnehmen können, ersatzweise taktile oder akustische Zeichen bzw.
   – für Beschäftigte, die akustische Zeichen nicht wahrnehmen können, ersatzweise taktile oder visuelle Zeichen eingesetzt werden.
2. Die Sicherheitsaussagen der Sicherheitszeichen (ASR A1.3 Punkt 5.1, Anhang 1) müssen für Beschäftigte mit Sehbehinderung im Sinne des Absatzes 1 taktil erfassbar oder hörbar dargestellt werden, z. B.
   – auf Reliefplänen oder -grundrissen, indem ihre Registriernummer (z. B. M014 für „Kopfschutz benutzen") in Braille'scher Blindenschrift oder „Profilschrift" dargestellt ist,
   – mit funkgestützten Informations- oder Leitsystemen (z. B. RFID-Technologie, Inhouse Navigations- und Informationssystem).
3. Die Sicherheitszeichen bzw. Schriftzeichen sowie die Kennzeichnung von Behältern und Rohrleitungen mit Gefahrstoffen gemäß Tab. 3 der ASR A1.3 sind zu vergrößern, falls die Sehbehinderung eines Beschäftigten dies erfordert. (ASR A1.3 Punkt 5.1 Abs. 9; Punkt 7 Abs. 2)
4. Sicherheitszeichen müssen für Rollstuhlbenutzer und Kleinwüchsige aus ihrer Augenhöhe erkennbar sein. (ASR A1.3 Punkt 5.1 Abs. 6)
5. Für blinde Beschäftigte müssen taktile Kennzeichnungen in einem ausreichenden Abstand von Hindernissen und Gefahrenstellen vorhanden sein (z. B. taktil erkennbare Bodenmarkierungen bei unterlaufbaren Treppen oder Fußleisten an Absturzsicherungen). (ASR A1.3 Punkt 5.2)
6. Für blinde Beschäftigte sind Fahrwegbegrenzungen auf dem Boden taktil erfassbar auszuführen, z. B. durch erhabene Markierungsstreifen oder unterschiedlich strukturierte Oberflächen. (ASR A1.3 Punkt 5.3 Abs. 1)

7. Für Beschäftigte mit Hörbehinderung gemäß Absatz 1 sind die Sicherheits-
   aussagen der Schallzeichen taktil erfassbar oder visuell darzustellen, z. B.
   Vibrationsalarm (Mobiltelefon). (ASR A1.3 Punkt 5.5)
8. Ergänzende Anforderungen an Flucht- und Rettungspläne sind in Anhang A2.3:
   Ergänzende Anforderungen zur ASR A2.3 „Fluchtwege und Notausgänge,
   Flucht- und Rettungsplan" im Absatz 5 enthalten.

Anhang A1.6: Ergänzende Anforderungen zur ASR A1.6
„Fenster, Oberlichter, lichtdurchlässige Wände"

1. Bei der Festlegung der Anordnung und Gestaltung der Fenster, Oberlichter und
   lichtdurchlässigen Wände sind die besonderen Anforderungen von Beschäftigten
   mit Behinderungen zu berücksichtigen. Je nach Einbausituation und Auswirkung der Behinderung ist insbesondere auf Wahrnehmbarkeit, Erkennbarkeit,
   Erreichbarkeit und Nutzbarkeit zu achten.
2. Für sehbehinderte und blinde Beschäftigte sind Gefährdungen durch geöffnete
   Fensterflügel im Aufenthaltsbereich oder im Bereich von Verkehrswegen, z. B.
   durch eine Begrenzung des Öffnungswinkels oder eine Absperrung des Öff-
   nungsbereiches, während der Öffnungsdauer zu vermeiden. (ASR A1.6 Punkt
   4.1.1 Absatz 4)
3. Bedienelemente von Fenstern und Oberlichtern (z. B. Griffe oder Kurbeln bei
   Handbetätigung und Taster oder Schalter bei Kraftbetätigung), die von Beschäftigten mit Behinderungen benutzt werden müssen, sind je nach Auswirkung der
   Bchinderung gemäß den Absätzen 4 bis 7 wahrnehmbar, erkennbar, erreichbar
   und nutzbar zu gestalten.
4. **Wahrnehmbarkeit** und **Erkennbarkeit der Funktion** der Bedienelemente sind
   gegeben, wenn sie für Beschäftigte mit Sehbehinderung visuell kontrastierend
   und für blinde Beschäftigte taktil erfassbar gestaltet sind.
5. **Erreichbarkeit** der Bedienelemente ist gegeben, wenn für kleinwüchsige
   Beschäftigte, für Beschäftigte, die einen Rollstuhl benutzen und für Beschäftigte
   deren Hand-/Arm-Motorik eingeschränkt ist, Bedienelemente in einer Höhe von
   0,85 bis 1,05 m angeordnet sind. Für Beschäftigte, die einen Rollstuhl benutzen,
   müssen Bedienelemente so angeordnet sein, dass bei seitlicher Anfahrbarkeit ein
   Gang mit einer Breite von mindestens 0,90 m vorhanden ist (Abb. 1).

Hinweis:
Die Erreichbarkeit der Bedienelemente darf durch Einbauten (z. B. Heizkörper,
Fensterbänke) nicht eingeschränkt werden.

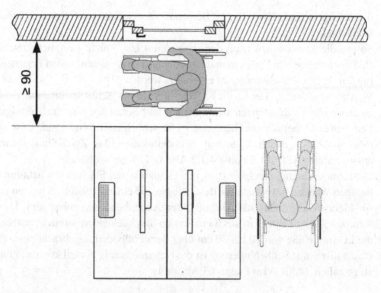

Abb. 2 Mindestbreite bei seitlicher Anfahrbarkeit (Maß in cm)

6. **Nutzbarkeit** der Bedienelemente für **handbetätigte** Fenster und Oberlichter:
   - Für die Nutzbarkeit von Bedienelementen von handbetätigten Fenstern und Oberlichtern soll für Beschäftigte mit Einschränkungen der Hand-/Arm-Motorik die Kraftübertragung durch Formschluss zwischen Hand und Bedienelement unterstützt werden. Kombinierte Bewegungen, z. B. gleichzeitiges Drehen und Ziehen, sollen vermieden werden bzw. in Einzelbewegungen ausführbar sein.
   - Für Beschäftigte mit Einschränkungen der Hand-/Arm-Motorik sowie für Beschäftigte, die eine Gehhilfe oder einen Rollstuhl benutzen darf der maximale Kraftaufwand für das Öffnen oder Schließen von handbetätigten Fenstern oder Oberlichtern nicht mehr als 30 N betragen. Das maximale Drehmoment für handbetätigte Beschläge darf nicht größer als 5 Nm sein. Können die Maximalwerte für Kraft oder Drehmoment nicht eingehalten werden, sind alternative Maßnahmen, z. B. Griffverlängerungen oder kraftbetätigte Fenster und Oberlichter, vorzusehen.

7. **Nutzbarkeit** der Bedienelemente für **kraftbetätigte** Fenster und Oberlichter ist gegeben, wenn für Beschäftigte mit Einschränkungen der Hand-/Arm-Motorik

die aufzubringende Kraft für die Bedienung der Schalter und Taster 5 N nicht überschreitet.

8. Sofern die Maßnahmen nach den Absätzen 4 bis 7 nicht geeignet sind, die Bedienelemente von Fenstern und Oberlichtern zu benutzen, sollen Fernsteuerungen (z. B. Fernbedienungen) eingesetzt werden.

9. Werden akustische oder optische Warnsignale als Schutzmaßnahme gegen mechanische Gefährdungen beim Öffnen und Schließen von kraftbetätigten Fenstern und Oberlichtern eingesetzt, ist für sehbehinderte und blinde Beschäftigte sowie für Beschäftigte mit Hörbehinderung das Zwei-Sinne-Prinzip anzuwenden. (ASR A1.6 Punkt 4.1.2 Absatz 1, 3. Spiegelstrich)

10. Die Kennzeichnung durchsichtiger, nicht strukturierter Flächen von lichtdurchlässigen Wänden muss auch für Beschäftigte, die einen Rollstuhl benutzen und für kleinwüchsige Beschäftigte aus ihrer Augenhöhe erkennbar sein. Diese Kennzeichnung kann z. B. aus 8 cm breiten durchgehenden Streifen bestehen, die in einer Höhe von 40 bis 70 cm über dem Fußboden angebracht sind. Für Beschäftigte mit Sehbehinderung ist die Kennzeichnung visuell kontrastierend zu gestalten. (ASR A1.6 Punkt 4.3 Absatz 1)

Anhang A1.7: Ergänzende Anforderungen zur ASR A1.7
„Türen und Tore"

1. Bei den Festlegungen zur Anordnung der Türen und Tore sowie deren Abmessungen sind die besonderen Anforderungen von Beschäftigten mit Behinderungen zu berücksichtigen. Je nach Auswirkung der Behinderung ist insbesondere auf Erkennbarkeit, Erreichbarkeit, Bedienbarkeit und Passierbarkeit zu achten.

Abb. 3 Freie
Bewegungsfläche sowie
seitliche Anfahrbarkeit vor
Drehflügeltüren (Maße in
cm)

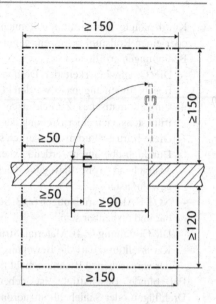

2. Erkennbarkeit wird erreicht, indem Türen für blinde Beschäftigte taktil wahrnehmbar (z. B. taktil eindeutig erkennbare Türblätter oder -zargen) und für
   Beschäftigte mit einer Sehbehinderung visuell kontrastierend gestaltet sind.
   Hierbei ist insbesondere auf den Kontrast zwischen Wand und Tür sowie
   zwischen Bedienelement und Türflügel zu achten.
3. Erreichbarkeit von Drehflügeltüren ist gegeben, wenn für Beschäftigte, die eine
   Gehhilfe oder einen Rollstuhl benutzen, eine freie Bewegungsfläche sowie eine
   seitliche Anfahrbarkeit gemäß Abb. 1 gewährleistet wird. Wird die Bewegungsfläche, in die die Tür nicht aufschlägt, durch eine gegenüberliegende Wand
   begrenzt, muss die Breite der Bewegungsfläche von 120 cm auf 150 cm erhöht
   werden.
4. Erreichbarkeit von Schiebetüren ist gegeben, wenn für Beschäftigte, die eine
   Gehhilfe oder einen Rollstuhl benutzen, eine freie Bewegungsfläche sowie eine
   seitliche Anfahrbarkeit gemäß Abb. 2 gewährleistet wird. Werden die Bewegungsflächen durch gegenüberliegende Wände begrenzt, muss die Breite der
   Bewegungsflächen von 120 cm auf 150 cm erhöht werden.
5. Neben manuell betätigten Karusselltüren ist für Beschäftigte, die eine Gehhilfe
   oder einen Rollstuhl benutzen und für blinde Beschäftigte eine Drehflügel- oder
   eine Schiebetür anzuordnen.

6. Kraftbetätigte Karusselltüren können von Beschäftigten, die eine Gehhilfe oder einen Rollstuhl benutzen, genutzt werden, wenn insbesondere folgende Bedingungen erfüllt sind.
   - Die Geschwindigkeit der Drehbewegung muss den Bedürfnissen dieser Beschäftigten angepasst werden können.
   - Ein automatisches Zurücksetzen der reduzierten Geschwindigkeit darf frühestens nach einer Drehung der Tür um 360° möglich sein.
   - Diese Karusselltüren sind baulich so zu dimensionieren, dass sie in gerader Durchfahrt befahren werden können und an jeder Stelle der Durchfahrt eine ausreichend große Bewegungsfläche von 1,30 m Länge x 1,00 m Breite gewährleistet ist.
   - NOT-HALT-Einrichtungen (z. B. Schalter, Taster, Sensoren) müssen erreichbar und bedienbar sein.
   - Die Gestaltung (z. B. Material, Struktur) des Bodenbelages innerhalb dieser Karusselltüren darf die Bewegung eines Rollstuhls oder eines Rollators in der vorgesehenen Richtung nicht beeinflussen.
   Für blinde Beschäftigte ist neben kraftbetätigten Karusselltüren eine Drehflügel- oder Schiebetür anzuordnen.

7. Die Anforderungen an Schlupftüren in Torflügeln entsprechen denen an Drehflügeltüren.

8. Werden Bewegungsmelder als Türöffner verwendet, sind bei deren Betrieb die Belange von kleinwüchsigen (Unterlaufen), blinden (Tastbereich des Langstockes) und gehbehinderten (Gehgeschwindigkeit) Beschäftigten zu berücksichtigen.

9. Bedienelemente von Türen und Toren, z. B. Türgriffe, Schalter, elektronische Zugangssysteme (z. B. Kartenleser), Notbehelfseinrichtungen (Abschalt- und NOTHALT-Einrichtungen), „Steuerungen mit Selbsthaltung" (Impulssteuerung) und „Steuerungen ohne Selbsthaltung" (Totmannsteuerung), müssen wahrnehmbar, erkennbar, erreichbar und nutzbar sein.
   - **Wahrnehmbarkeit** und **Erkennbarkeit** der Funktion werden erreicht, wenn Bedienelemente für sehbehinderte Beschäftigte kontrastreich und für blinde Beschäftigte taktil erfassbar gestaltet sind. Dabei ist ein unbeabsichtigtes Auslösen zu vermeiden. Für sehbehinderte und blinde Beschäftigte sind Sensortasten nicht zulässig.
   - **Erreichbarkeit** für kleinwüchsige Beschäftigte und für Beschäftigte, die einen Rollstuhl benutzen und deren Hand-/Arm-Motorik eingeschränkt ist, ist gegeben, wenn Bedienelemente grundsätzlich in einer Höhe von 0,85 m angeordnet sind. Schlösser und Türgriffe können z. B. leichter erreicht

Abb. 4 Freie
Bewegungsfläche sowie
seitliche Anfahrbarkeit vor
Schiebetüren (Maße in cm)

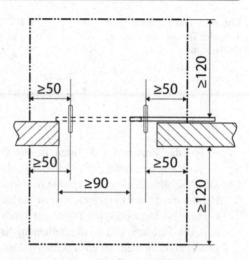

und benutzt werden bei Verwendung von Beschlaggarnituren, bei denen das Schloss oberhalb des Türgriffes angeordnet ist.

– **Erreichbarkeit** für Beschäftigte, die einen Rollstuhl benutzen, ist gegeben, wenn Bedienelemente so angeordnet sind, dass eine freie Bewegungsfläche bei frontaler Anfahrbarkeit von mindestens 1,50 m x 1,50 m und bei seitlicher Anfahrbarkeit von mindestens 1,50 m x 1,20 m vorhanden ist (analog Abb. 1). Dabei müssen die Bedienelemente von kraftbetätigten Drehflügeltüren und Toren mindestens 2,50 m vor der in den Bewegungsraum aufschlagenden Tür und 1,50 m in der Gegenrichtung angebracht sein. Bedienelemente von kraftbetätigten Schiebetüren müssen sich bei frontaler Anfahrt mindestens 1,50 m vor und hinter der Schiebetür befinden.

– **Nutzbarkeit** ist gegeben, wenn für Beschäftigte mit Einschränkung der Hand-/ Arm-Motorik die maximal aufzuwendende Kraft zur Bedienung von Schaltern und Tastern 5,0 N beträgt.

– Für die **Nutzbarkeit** von Türgriffen soll für Beschäftigte mit Einschränkungen der Hand-/Arm-Motorik die Kraftübertragung durch Formschluss zwischen Hand und Bedienelement unterstützt werden (z. B. ergonomisch geformte Griffe). Drehgriffe (z. B. Knäufe) oder eingelassene Griffe sollen nicht verwendet werden. Eine kombinierte Bewegung (z. B. gleichzeitiges Drehen und Drücken) soll vermieden werden bzw. in Einzelbewegungen ausführbar sein.

Abb. 5 Schräge an einer
Tür- oder Torschwelle
(Maße in mm)

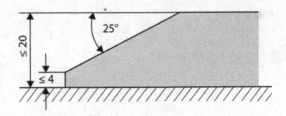

- Für das Zuziehen von Türen ist für Beschäftigte, die einen Rollstuhl
benutzen, eine horizontale Griffstange als Schließhilfe geeignet.

10. Für Beschäftigte, die eine Gehhilfe oder einen Rollstuhl benutzen oder deren
Hand-/Arm-Motorik eingeschränkt ist, darf der maximale Kraftaufwand für das
Öffnen von handbetätigten Türen und Toren zur Einleitung einer Bewegung,
z. B. des Türblatts, und für die Bedienung handbetätigter Beschläge, z. B. des
Drückers, nicht mehr als 25 N betragen. Das maximale Moment für handbetätigte Beschläge darf nicht größer als 2,5 Nm sein. Können die Maximalwerte
für Kraft oder Drehmoment nicht eingehalten werden, sind kraftbetätigte Türen
und Tore vorzusehen. Bei sensorisch gesteuerten Türen und Toren ist für sehbehinderte und blinde Beschäftigte sicherzustellen, dass keine Gefährdung durch
das Öffnen des Flügels entsteht. Das kann erreicht werden, indem der Flügel rechtzeitig geöffnet wird oder, falls der Flügel in einen quer verlaufenden
Verkehrsweg aufschlägt, beim Öffnen ein akustisches Signal ertönt.

11. Durch das selbstständige Schließen von Türen mit Türschließern dürfen für
Beschäftigte, die eine Gehhilfe oder einen Rollstuhl benutzen oder deren Hand-/
Arm-Motorik eingeschränkt ist, keine Gefährdungen entstehen. Dies kann z. B.
durch die Einstellung der Schließverzögerung erreicht werden.

12. Für Beschäftigte, die einen Rollator oder Rollstuhl benutzen oder eine Fußhebeschwäche haben, sind untere Tür- oder Toranschläge und Schwellen zu
vermeiden. Sind diese technisch erforderlich, dürfen sie nicht höher als 20 mm
sein. Dieser Höhenunterschied ist durch Schrägen anzugleichen (Abb. 3).

13. Für Beschäftigte, die einen Rollstuhl benutzen, ist eine lichte Durchgangsbreite
von Türen und Toren von mindestens 0,90 m erforderlich. (abweichend von
ASR A1.7 Punkt 4 Abs. 6)

14. Bei Ausfall der Antriebsenergie darf für Beschäftigte mit eingeschränkter Hand-
/Arm-Motorik der Kraftaufwand zum manuellen Öffnen kraftbetätigter Türen
und Tore zur Einleitung einer Bewegung und ebenso für die Bedienung handbetätigter Beschläge nicht mehr als 25 N betragen. Das maximale Moment
für die Bedienung handbetätigter Beschläge darf nicht größer als 2,5 Nm sein.
Falls dies nicht erreicht werden kann, sind durch die Gefährdungsbeurteilung

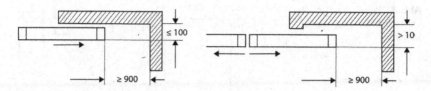

Abb. 6 Vermeiden von Quetschgefährdungen zum Schutz von Beschäftigten, die einen Rollstuhl benutzen (Maße in mm)

alternative Maßnahmen festzulegen (z. B. zweiter Ausgang, Patenschaften). (abweichend von ASR A1.7 Punkt 5 Abs. 2 Satz 1)

15. Ergänzende Anforderungen hinsichtlich der Kennzeichnung von Türen und Toren im Einbahnverkehr sind in dieser ASR im Anhang A1.3 enthalten. (ASR A1.7 Punkt 5 Abs. 4)

16. Flügel von Türen und Toren, die zu mehr als drei Viertel ihrer Fläche aus einem durchsichtigen Werkstoff bestehen, müssen durch Sicherheitsmarkierungen so gekennzeichnet sein, dass sie für Beschäftigte mit Sehbehinderung, Beschäftigte die einen Rollstuhl benutzen und für kleinwüchsige Beschäftigte aus deren Augenhöhe erkennbar sind (ASR A1.7 Punkt 5 Abs. 7). Sicherheitsmarkierungen können z. B. aus 8 cm breiten durchgehenden Streifen bestehen, die in einer Höhe von 40–70 cm und 120–160 cm angebracht sind. Die Hauptschließkante von rahmenlosen Glas-Drehflügeltüren ist visuell kontrastierend zu gestalten.

17. Ist eine Quetschgefährdung für Beschäftigte, die einen Rollstuhl benutzen, zwischen den hinteren Kanten der Flügel (Nebenschließkanten) von kraftbetätigten Schiebetüren/-toren und festen Teilen der Umgebung beim Betrieb nicht bereits durch Maßnahmen nach ASR A1.7 Punkt 6 Abs. 1 auszuschließen, müssen Sicherheitsabstände von ≥900 mm nach Abb. 4 eingehalten werden. (abweichend von ASR A1.7 Punkt 6 Abs. 7 Abb. 2 und 3)

18. Für Beschäftigte, die einen Rollstuhl benutzen, müssen Quetschstellen zwischen dem Flügel und festen Teilen der Umgebung an kraftbetätigten Dreh- und Faltflügeltüren oder –toren vermieden werden (Abb. 6). Dazu muss der hinter dem Flügel gelegene Bereich bei größtmöglicher Flügelöffnung über seine gesamte Tiefe eine lichte Weite von mindestens 900 mm aufweisen (Abb. 5 und Abb. 7) (abweichend zu ASR A1.7 Punkt 6 Abs. 8). Kann dieser Wert nicht eingehalten werden, sind weitere Sicherheitsmaßnahmen (siehe ASR A1.7 Punkt 6 Abs. 1) notwendig.

19. Der Kraftaufwand für das manuelle Öffnen von kraftbetätigten Schiebetüren, Schnelllauftoren und Karusselltüren im Verlauf von Fluchtwegen bei Ausfall

Abb. 7 Vermeiden von
Quetschgefährdung (Maße
in mm)

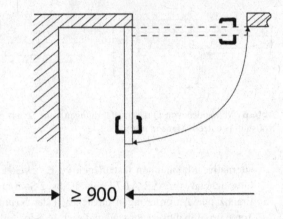

der Kraftbetätigung, z. B. bei Ausfall der Energiezufuhr, richtet sich nach
Abs. 14. (abweichend von ASR A1.7 Punkt 9 Abs. 1 und Punkt 10.1 Abs. 3)
20. Weitere Bestimmungen zur barrierefreien Gestaltung von Türen und Toren im
Verlauf von Fluchtwegen sind im Anhang A2.3 dieser ASR enthalten.

Anhang A1.8: Ergänzende Anforderungen zur ASR A1.8
„Verkehrswege"
zu 4.1 Allgemeines

1. Beim Einrichten und Betreiben von Verkehrswegen sind die besonderen Anforderungen von Beschäftigten mit Behinderungen zu berücksichtigen. Je nach Auswirkung der Behinderung ist insbesondere auf Wahrnehmbarkeit, Erkennbarkeit
und Nutzbarkeit zu achten.
2. Die Querneigung von Verkehrswegen, die von Beschäftigten mit einem Rollator
oder einem Rollstuhl benutzt werden, darf nicht mehr als 2,5 % betragen. (ASR
A1.8 Punkt 4.1 Abs. 2)

3. Schrägrampen (geneigte Verkehrswege nach ASR A1.8 Punkt 3.23), die von Beschäftigten mit einem Rollator oder einem Rollstuhl benutzt werden, dürfen eine Längsneigung von 6 % nicht überschreiten. Bei einer Längsneigung von mehr als 3 % sind ab 10 m Länge Podeste mit einer nutzbaren Länge von mindestens 1,50 m vorzusehen. Bei mehr als 6 % Neigung ist die Nutzbarkeit des Verkehrsweges durch geeignete Maßnahmen herzustellen. Geeignet sind z. B. ein Hublift oder ein Elektrorollstuhl, ggf. eine assistierende Person. (ASR A1.8 Punkt 4.1 Abs. 4)

Hinweis:
Eine Rampe gemäß DIN 18040-1 Nr. 4.3.8 ist eine spezielle bauliche Anlage, die nicht in dieser ASR behandelt wird.

4. Für Beschäftigte, die einen Rollator oder einen Rollstuhl benutzen und für Beschäftigte, die eine Fußhebeschwäche haben, müssen Verkehrswege schwellenlos sein. Sind Schwellen technisch unabdingbar, dürfen sie nicht höher als 20 mm sein. Dieser Höhenunterschied ist durch Schrägen anzugleichen. Eine Gestaltungslösung enthält Anhang A1.7: Ergänzende Anforderungen zur ASR A1.7 „Türen und Tore" Abs. 12. (ASR A1.8 Punkt 4.1 Abs. 5)
5. Für Beschäftigte, die einen Rollator oder einen Rollstuhl benutzen, muss an Schrägrampen, einschließlich deren Podesten, das seitliche Abkommen, Kippen und Abstürzen verhindert werden. Dies kann z. B. mit einer seitlichen Begrenzung, wie einem Radabweiser (Höhe mindestens 0,10 m) oder einer Wand erfolgen. (ASR A1.8 Punkt 4.1 Abs. 6)

6. Verkehrswegkreuzungen und -einmündungen müssen für Beschäftigte mit Behinderungen je nach Auswirkung der Behinderung wahrnehmbar und erkennbar sein. Wahrnehmbarkeit und Erkennbarkeit werden erreicht, wenn diese Bereiche für Beschäftigte mit Sehbehinderung visuell kontrastierend gestaltet sind. Für blinde Beschäftigte ist das Zwei-Sinne-Prinzip anzuwenden, z. B. durch ein zusätzliches akustisches Signal an Schranken oder Ampeln oder durch taktile Markierungen (z. B. Bodenmarkierung). (ASR A1.8 Punkt 4.1 Abs. 7)

7 Wird als verkehrssichernde Maßnahme an Verkehrswegkreuzungen und – einmündungen ein Drehkreuz verwendet, ist für Beschäftigte, die eine Gehhilfe oder einen Rollstuhl benutzen, ein alternativer Verkehrsweg einzurichten. (ASR A1.8 Punkt 4.1 Abs. 7)

8. Bei Maßnahmen des Winterdienstes ist zu berücksichtigen, dass für Beschäftigte, die einen Rollator oder einen Rollstuhl benutzen, die beräumte Breite des Verkehrsweges eine sichere Benutzbarkeit gewährleistet.

Wenn notwendig, sind bei beeinträchtigenden Witterungseinflüssen vorhandene kontrastierende oder taktile Markierungen für sehbehinderte und blinde Beschäftigte frei zu halten oder geeignete temporäre Ersatzmaßnahmen zu treffen. (ASR A1.8 Punkt 4.1 Abs. 8).

zu 4.2 Wege für den Fußgängerverkehr

9. Für Beschäftigte, die eine Gehhilfe oder einen Rollstuhl benutzen, müssen Verkehrswege unabhängig von der Anzahl der Personen im Einzugsgebiet ausreichend breit sein. Mögliche Begegnungsfälle, Richtungswechsel und Rangiervorgänge sind zu berücksichtigen. (abweichend von ASR A1.8 Tab. 2)

10. Die Mindestbreite von Verkehrswegen ergibt sich für Beschäftigte, die eine
Gehhilfe oder einen Rollstuhl benutzen, aus den Breiten von Fluchtwegen nach
Anhang A2.3: Ergänzende Anforderungen zur ASR A2.3 „Fluchtwege und
Notausgänge, Flucht- und Rettungsplan", Abs. 2.
Für den Begegnungsfall von Beschäftigten, die einen Rollstuhl benutzen
– mit anderen Personen ist eine Verkehrswegbreite von 1,50 m,
– mit anderen Personen, die einen Rollstuhl benutzen, ist eine Verkehrswegbreite von 1,80 m
zu gewährleisten.
Abweichend davon ist eine Verkehrswegbreite von 1,00 m ausreichend,
wenn der Verkehrsweg bis zur nächsten Begegnungsfläche einsehbar ist. Die
Begegnungsfläche muss für den Begegnungsfall von Beschäftigten, die einen
Rollstuhl benutzen,
– mit anderen Personen mindestens 1,50 m x 1,50 m und
– mit anderen Personen, die einen Rollstuhl benutzen, mindestens 1,80 m x
  1,80 m betragen. (abweichend von ASR A1.8 Tab. 2)

Hinweis:
Die Bewegungsflächen vor Türen sind zu berücksichtigen (siehe Anhang A1.7:
Ergänzende Anforderungen zur ASR A1.7 „Türen und Tore" Abs. 3 und 4).

11. Für Beschäftigte, die einen Rollator oder einen Rollstuhl benutzen, müssen Gänge zu persönlich zugewiesenen Arbeitsplätzen, Wartungsgänge und Gänge zu gelegentlich benutzten Betriebseinrichtungen mindestens 0,90 m breit sein. Dies kann auch für Beschäftigte, die Gehhilfen benutzen, notwendig sein. Ist eine Nutzung der Gänge nur von einer Seite möglich („Sackgasse"),

    – ist eine Wendemöglichkeit (mindestens 1,50 m x 1,50 m) einzurichten oder
    – soll die Länge für das Rückwärtsfahren 3 m nicht überschreiten.
Die Breiten von Verkehrswegen in Nebengängen von Lagereinrichtungen sind im Rahmen der Gefährdungsbeurteilung festzulegen, müssen aber mindestens den Werten nach Tabelle 2 der ASR A1.8 entsprechen.

12. Für Beschäftigte, die einen Rollator oder einen Rollstuhl benutzen, sind zum Überwinden von nicht vermeidbaren Ausgleichsstufen alternative Maßnahmen zu treffen, z. B. Treppensteighilfen, Treppenlifte oder Plattformaufzüge. (ASR A1.8 Punkt 4.2 Abs. 3)

13. Für Beschäftigte mit Sehbehinderung müssen Ausgleichsstufen auf Verkehrswegen visuell kontrastierend und für blinde Beschäftigte durch taktil erfassbare Bodenstrukturen gestaltet sein.

Hinweis:

Für Beschäftigte mit motorischen Einschränkungen ist im Rahmen der Gefähr-dungsbeurteilung zu prüfen, ob an Ausgleichsstufen auf Verkehrswegen Handläufe erforderlich sind.

zu 4.3 Wege für den Fahrzeugverkehr

14. Für Beschäftigte, die einen Rollator oder einen Rollstuhl benutzen, muss der Randzuschlag mindestens $Z1 = 0,90$ m betragen. Abweichend davon kann der Randzuschlag für den ausschließlichen Fahrzeugverkehr auf bis zu 0,50 m reduziert werden, wenn

   – die Fahrgeschwindigkeit auf 6 km/h begrenzt und ein Ausweichen möglich ist oder
   – das Fahrzeug mit einem Personenerkennungssystem ausgestattet ist. (ASR A1.8 Punkt 4.3 Abs. 3)

15. Die Summe aus doppeltem Rand- und einfachem Begegnungszuschlag darf auch bei einer geringen Anzahl von Verkehrsbegegnungen nicht herabgesetzt werden. (abweichend von ASR A1.8 Punkt 4.3 Abs. 4)

16. Personenerkennungssysteme müssen so ausgeführt und angeordnet sein, dass auch Beschäftigte, die eine Gehhilfe, einen Rollstuhl oder einen Langstock benutzen sowie kleinwüchsige Beschäftigte rechtzeitig erkannt werden. (ASR A1.8 Punkt 4.3 Abs. 9 und 10)

zu 4.4 Kennzeichnung und Abgrenzung von Verkehrswegen

17. Lassen sich Gefährdungen im Verlauf von Verkehrswegen nicht durch technische Maßnahmen verhindern oder beseitigen oder ergeben sich Gefährdungen durch den Fahrzeugverkehr aufgrund unübersichtlicher Betriebsverhältnisse, sind diese Verkehrswege für Beschäftigte mit Behinderung nach Anhang A1.3: Ergänzende Anforderungen zur ASR A1.3 „Sicherheits- und Gesundheitsschutzkennzeichnung" zu kennzeichnen. (ASR A1.8 Punkt 4.4 Abs. 1)

18. Die Abgrenzung zwischen niveaugleichen Verkehrswegen und umgebenden Arbeits- und Lagerflächen sowie zwischen Wegen für den Fußgänger- und Fahrzeugverkehr muss
    – für Beschäftigte mit Sehbehinderung visuell kontrastierend,
    – für blinde Beschäftigte nach dem Zwei-Sinne-Prinzip, z. B. durch taktil erfassbare Bodenstrukturen oder akustische Warnsysteme, gestaltet sein. (ASR A1.8 Punkt 4.4 Abs. 2)

zu 4.5 Treppen

19. Für Beschäftigte, die einen Rollator oder einen Rollstuhl benutzen, sind an Treppen alternative Maßnahmen zu treffen, z. B. Schrägrampen, Treppensteighilfen, Treppenlifte, Plattformaufzüge oder Aufzüge.

20. Für Beschäftigte mit Sehbehinderung müssen die erste und letzte Stufe des Treppenlaufs mindestens an der Stufenvorderkante visuell kontrastierend gestaltet und erkennbar sein.

21. Für blinde Beschäftigte ist die oberste Stufe von Treppenläufen am Beginn der Antrittsfläche (siehe Abb. 2) über die gesamte Treppenbreite taktil erfassbar zu gestalten, z. B. durch unterschiedliche Bodenstrukturen.

22. Für blinde Beschäftigte muss gewährleistet sein, dass Treppen unterhalb einer lichten Höhe von 2,10 m nicht unterlaufen werden können. Dies kann erreicht werden z. B. mit Umwehrungen, Brüstungen, Pflanzkübeln oder durch Möblierung.

23. Für Beschäftigte mit Gehbehinderung, z. B. mit einer Fußhebeschwäche, müssen Treppen geschlossene Stufen haben. Unterschneidungen sind grundsätzlich nicht zulässig. Abweichend davon ist bei geschlossenen Stufen mit schrägen Setzstufen eine Unterschneidung (u) von maximal 2 cm zulässig (siehe Abb. 8). Ausgenommen sind Treppen, die ausschließlich als Fluchtweg in Abwärtsrichtung genutzt werden. (abweichend von ASR A1.8 Abb. 4)

24. Für Beschäftigte, deren motorische Einschränkungen es erfordern (z. B einseitige Armlähmung), müssen Treppen beidseitig Handläufe haben, die nicht

Abb. 8 Unterschneidung
an einer schrägen Setzstufe

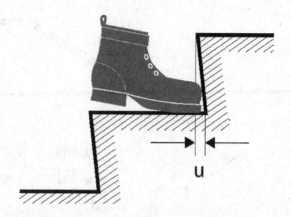

unterbrochen sind. Die Handläufe sollen in einer Höhe von 0,80 m bis 0,90 m angeordnet sein, gemessen lotrecht von der Oberkante des Handlaufs zur Stufenvorderkante. (ASR A1.8 Punkt 4.5 Abs. 10)

25. Für blinde Beschäftigte und Beschäftigte mit Sehbehinderung müssen die Enden der wandseitigen Handläufe am Anfang und Ende von Treppen um das Maß des Auftritts an der An- bzw. Austrittsfläche fortgeführt werden (Abb. 9). Am Treppenauge darf der Handlauf nicht um das Maß des Auftritts fortgeführt werden. Die Enden der Handläufe sollen abgerundet sein und nach unten oder zur Wandseite auslaufen. Halterungen für Handläufe sollen an der Unterseite angeordnet sein.

26. Für Beschäftigte mit Sehbehinderung sollen Handläufe sich visuell kontrastierend vom Hintergrund abheben.

27. Für blinde Beschäftigte sollen an Handläufen taktile Informationen zur Orientierung angebracht sein, z. B. die Stockwerkbezeichnung.

28. Für kleinwüchsige Beschäftigte sind zusätzliche Handläufe in einer Höhe von 0,65 m vorzusehen.

zu 4.6 Steigeisengänge und Steigleitern und Laderampen

29. Sollen Steigeisengänge, Steigleitern oder Laderampen von Beschäftigten mit Behinderungen benutzt werden, sind im Rahmen der Gefährdungsbeurteilung entsprechend den Auswirkungen der Behinderungen im Einzelfall geeignete Maßnahmen zu treffen.

zu 4.7 Fahrtreppen und Fahrsteige

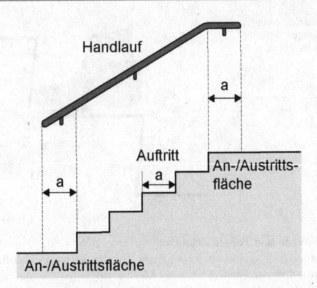

Abb. 9 Gestaltung der Handläufe an Treppen

30. Für Beschäftigte mit motorischen Einschränkungen, für Beschäftigte mit Seh-
    behinderung und für blinde Beschäftigte sind Fahrtreppen bzw. Fahrsteige
    nutzbar, wenn die Geschwindigkeit maximal 0,5 m/s beträgt. An Fahrtreppen
    ist ein Vorlauf von mindestens 3 Stufen erforderlich.
31. Für Beschäftigte mit Sehbehinderung muss der Übergang zwischen Stauraum
    und Fahrtreppe bzw. Fahrsteig visuell kontrastierend gestaltet sein, z. B. durch
    eine hinterleuchtete Fuge oder durch eine farbliche Gestaltung des Kamms.
32. Für blinde Beschäftigte muss gewährleistet sein, dass Fahrtreppen und Fahr-
    steige unterhalb einer lichten Höhe von 2,10 m nicht unterlaufen werden
    können. Dies kann erreicht werden z. B. mit Umwehrungen, Brüstungen,
    Pflanzkübeln oder durch Möblierung.

**Anhang A2.3: Ergänzende Anforderungen zur ASR A2.3
„Fluchtwege und Notausgänge, Flucht- und Rettungsplan"**

1. Bei Festlegung der Anordnung und Abmessungen der Fluchtwege und Notaus-
    gänge sind die besonderen Anforderungen von Personen mit Behinderungen
    zu berücksichtigen. (ASR A2.3 Punkt 5 Abs. 1)

Abb. 10 Freie
Bewegungsfläche sowie
seitliche Anfahrbarkeit vor
Drehflügeltüren im
Fluchtweg (Maße in cm)

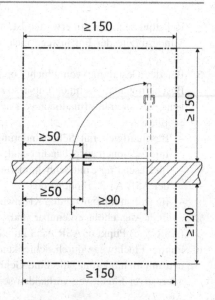

2. Im Falle des Bewegens in Fluchtrichtung ohne Begegnung ist für Personen mit Behinderung, die eine Gehhilfe oder einen Rollstuhl benutzen, eine lichte Mindestbreite für Fluchtwege von 1,00 m erforderlich. Dabei darf die lichte Breite des Fluchtweges stellenweise für das Einzugsgebiet
   – bis 5 Personen für Einbauten, Einrichtungen oder Türen,
   – bis 20 Personen für Türen
   auf nicht weniger als 0,90 m reduziert werden. Ist eine Fluchtrichtung vorgesehen, bei der eine Begegnung mit anderen Personen mit Behinderung stattfindet, ist eine Mindestbreite für Fluchtwege von 1,50 m erforderlich. (abweichend von ASR A2.3 Punkt 5 Abs. 3)
3. Vor Türen und Toren im Fluchtweg sind für Personen mit Behinderung, die eine Gehhilfe oder einen Rollstuhl benutzen, freie Bewegungsflächen sowie eine seitliche Anfahrbarkeit gemäß Abb. 10 erforderlich. Bei einer zusätzlichen Einschränkung der Hand-/Arm-Motorik ist zu prüfen, ob bei Wandstärken größer als 0,26 m eine Betätigung des Türdrückers möglich ist. Bei Einschränkungen der visuellen Wahrnehmung ist auf den Kontrast zwischen Wand und Tür sowie zwischen Bedienelement und Türflügel zu achten. (ASR A2.3 Punkt 5 Abs. 3)
4. Sofern in gesicherten Bereichen in Treppenräumen ein kurzzeitiger Zwischenaufenthalt von Personen mit Behinderung, die eine Gehhilfe oder einen

Rollstuhl benutzen, zu erwarten ist, müssen diese so ausgeführt sein, dass die Mindestbreite der Fluchtwege nicht eingeschränkt wird.(ASR A2.3 Punkt 6 Abs. 5)

5. Bei der Gestaltung von Flucht- und Rettungsplänen sind die Belange der Beschäftigten mit Behinderungen so zu berücksichtigen, dass die für sie sicherheitsrelevanten Informationen verständlich übermittelt werden. Dies wird z. B. erfüllt, wenn
   – Beschäftigten mit Sehbehinderung nach Anhang A1.3 Abs. 2 gestaltete Informationen ausgehändigt sind,
   – für Beschäftigte mit Sehbehinderung die Größe der Zeichen gemäß Tabelle 3 der ASR A1.3 erhöht ist oder
   – für Rollstuhlbenutzer und Kleinwüchsige die Flucht- und Rettungspläne aus ihrer Augenhöhe erkennbar sind.
   (ASR A1.3 Punkt 6; ASR A2.3 Punkt 9 Abs. 2)

6. Führen Fluchtwege durch Schrankenanlagen mit Drehkreuz muss für Personen mit Behinderung, die eine Gehhilfe oder einen Rollstuhl benutzen, ein alternativer Fluchtweg vorhanden sein. (abweichend von ASR A2.3 Punkt 4 Abs. 7)

7. Für Beschäftigte, die einen Rollstuhl benutzen und deren Hand-/Arm-Motorik eingeschränkt ist, dürfen Bedienelemente einschließlich der Entriegelungseinrichtungen maximal eine Höhe von 0,85 m haben. Im begründeten Einzelfall sind andere Maße zulässig. Der maximale Kraftaufwand darf nicht mehr als 25 N oder 2,5 Nm betragen. Können die Maximalwerte für Kraft und Drehmoment nicht eingehalten werden, sind elektrische Entriegelungssysteme vorzusehen. Dabei muss die Not-Auf-Taste in einer Höhe von 0,85 m und mindestens 2,50 m vor der aufschlagenden Tür und 1,50 m in Gegenrichtung angebracht sein. (abweichend von ASR A2.3 Punkt 6 Abs. 3 und 4)

8. Die Alarmierung von Beschäftigten mit Seh- oder Hörbehinderungen, die gefangene Räume nutzen, erfordert die Berücksichtigung des Zwei-Sinne-Prinzips. (ASR A2.3 Punkt 6 Abs. 10)

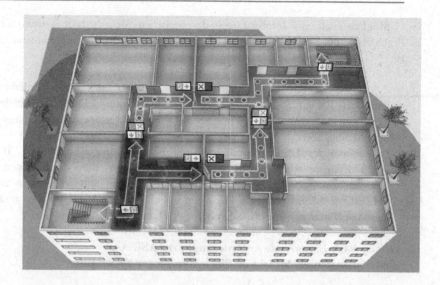

9. Für ein sicheres Verlassen ins Freie oder in einen gesicherten Bereich können
    besondere organisatorische Maßnahmen für Beschäftigte mit Behinderungen
    erforderlich sein. Das ist z. B. die Benennung einer ausreichenden Anzahl
    eingewiesener Personen, die gegebenenfalls im Gefahrfall die Beschäftigten
    mit Behinderungen auf bestehende oder sich abzeichnende Gefahren oder
    Beeinträchtigungen hinweisen, sie begleiten oder ihnen behilflich sind (Paten-
    schaften). Die notwendigen Maßnahmen sind im Rahmen der Gefährdungs-
    beurteilung im Einzelfall zu ermitteln und mit den an der organisatorischen
    Maßnahme beteiligten Beschäftigten abzustimmen.
10. Bei Räumungsübungen sind die Belange der Beschäftigten mit Behinderungen
    zu berücksichtigen, z. B. Anwenden von Evakuierungshilfen. (ASR A2.3 Punkt
    9 Abs. 7)

Anhang A3.4/7: Ergänzende Anforderungen zur ASR A3.4/7
„Sicherheitsbeleuchtung, optische Sicherheitsleitsysteme"
    Bei optischen Sicherheitsleitsystemen sind die Belange von Beschäftigten mit
Sehbehinderung so zu berücksichtigen, dass die sicherheitsrelevanten Informationen auf andere Art verständlich übermittelt werden. Dies kann dadurch erreicht
werden, dass diese Informationen, dem Zwei-Sinne-Prinzip folgend, zusätzlich zum
visuellen über einen anderen Sinneskanal durch taktile Zeichen oder Schallzeichen
aufgenommen werden können.

Möglichkeiten, die Informationen des optischen Sicherheitsleitsystems für Beschäftigte mit Sehbehinderung taktil erfassbar oder hörbar zu ergänzen sind z. B.:

- dynamisch-akustische Fluchtleitsysteme, z. B. höher oder tiefer werdende Tonfolgen für aufwärts oder abwärts führende Treppen, schneller werdende Tonfolgen für die Weiterleitung im Gebäude oder Sprachansagen zur Richtungsorientierung, oder
- Profilierung der Leitmarkierung ggf. mit Fluchtrichtungserkennung, z. B. durch deren Anstrichdicke, Riffelprofile, Einwebungen oder durch thermische Verbindung von profilierten langnachleuchtenden Leitmarkierungen in Fußbodenbelägen. Bei Leitmarkierungen in Fußböden sind Stolperstellen und Rutschgefährdungen zu vermeiden (siehe ASR A1.5/1,2 „Fußböden")

Anhang A4.3: Ergänzende Anforderungen zur ASR A4.3
„Erste-Hilfe-Räume, Mittel und Einrichtungen zur Ersten Hilfe"

1. Beim Einrichten und Betreiben von Erste-Hilfe-Räumen und bei der Ausstattung der Arbeitsstätte mit Mitteln und Einrichtungen zur Ersten Hilfe sind die besonderen Belange von Beschäftigten mit Behinderungen zu berücksichtigen.

Hinweis:
Ist im Rahmen der Organisation der Ersten Hilfe oder im Ergebnis der Gefährdungsbeurteilung festgelegt worden, dass Beschäftigte mit Behinderungen Aufgaben der Ersten Hilfe übernehmen, müssen die Mittel und Einrichtungen zur Ersten Hilfe durch sie wahrnehmbar, erkennbar, erreichbar und benutzbar sein.

2. Bei der Verteilung und Anbringung der Verbandkästen innerhalb der Arbeitsstätte sind im Rahmen der Organisation der Ersten Hilfe die besonderen Belange von Beschäftigten mit Behinderungen zu berücksichtigen.

Dies kann z. B. erreicht werden, indem:
– für Beschäftigte, die einen Rollstuhl benutzen, die Anfahrbarkeit gegeben ist,
– für Beschäftigte, die einen Rollstuhl benutzen und für kleinwüchsige Beschäftigte die Benutzung der Verbandkästen in einer Höhe von 0,85 m bis 1,05 m möglich ist oder
– für Beschäftigte mit einer Geh- oder Sehbehinderung ein zusätzlicher Verbandkasten an ihrem Arbeitsplatz bereitgestellt wird.
(ASR A4.3 Punkt 4 Abs. 3 und 4)

3. Meldeeinrichtungen müssen für Beschäftigte mit Behinderungen wahrnehmbar, erkennbar, erreichbar und nutzbar sein. Dies kann z. B. durch nachfolgend aufgeführte Maßnahmen erreicht werden.

– **Wahrnehmbarkeit** und **Erkennbarkeit** der Meldeeinrichtungen sind gegeben, wenn sie für Beschäftigte mit Sehbehinderung visuell kontrastierend und für blinde Beschäftigte taktil erfassbar gestaltet sind.
– **Erreichbarkeit** der Meldeeinrichtungen ist für Beschäftigte, die einen Rollstuhl benutzen, gegeben, wenn die Anfahrbarkeit gewährleistet ist.
– **Erreichbarkeit** der Bedienelemente der Meldeeinrichtungen (wandmontiert oder Rufsäulen) ist gegeben, wenn sie für kleinwüchsige Beschäftigte und für Beschäftigte, die einen Rollstuhl benutzen, in einer Höhe von 0,85 m bis 1,05 m angeordnet sind.
– Bei der **Nutzung** von Meldeeinrichtungen sind die Belange der Beschäftigten mit Behinderungen so zu berücksichtigen, dass der Notruf verständlich übermittelt werden kann. Dies kann z. B. erreicht werden, indem

Beschäftigte mit Sprach- oder Hörbehinderung einen vorgefertigten Notruf absetzen können (z. B. Telefon mit Notrufeinrichtung, Notfallfax), Beschäftigte, deren Hand-Arm-Motorik eingeschränkt ist, die Meldeeinrichtungen benutzen können, z. B. mit Sprachsteuerung, oder Beschäftigte mit Sehbehinderung und blinde Beschäftigte ein Telefon mit Notruftaste nutzen können. (ASR A4.3 Punkt 5.1)

4. Für Beschäftigte, die einen Rollstuhl benutzen, ist für den Zugang zum Erste-Hilfe-Raum eine lichte Durchgangsbreite der Tür gemäß Absatz 3 Anhang A1.7: Ergänzende Anforderungen zur ASR A1.7 „Türen und Tore" zu gewährleisten. Schrägrampen zum Ausgleich von Höhenunterschieden sind gemäß Absatz 3 Anhang A1.8: Ergänzende Anforderungen zur ASR A1.8 „Verkehrswege" zu gestalten. (ASR A4.3 Punkt 6.1 Abs. 5)

Anhang A4.4: Ergänzende Anforderungen zur ASR A4.4 „Unterkünfte"

1. Werden Beschäftigte mit Behinderungen in Unterkünften untergebracht, so sind deren besondere Belange so zu berücksichtigen, dass Sicherheit und Gesundheitsschutz gewährleistet sind.

2. Werden bestehende Einrichtungen, wie Küchen, Vorratsräume, sanitäre Einrichtungen und Mittel zur Ersten Hilfe, von Beschäftigten mit Behinderungen benutzt, bestimmen deren individuellen Erfordernisse die Maßnahmen zur barrierefreien Gestaltung. (ASR A4.4 Punkt 4 Absatz 3)

3. Bei der Übermittlung der Informationen (z. B. Brandschutzordnung, Alarmplan) hat der Arbeitgeber das Zwei-Sinne-Prinzip anzuwenden, wenn Bewohner mit einer Seh- oder Hörbehinderung untergebracht sind. (ASR A4.4 Punkt 4 Absatz 6)

4. Sollen bestehende Einrichtungen, wie Hotels und Pensionen, von Beschäftigten mit Behinderungen als Unterkunft genutzt werden, bestimmen deren individuellen Erfordernisse die Möglichkeit der Nutzung. (ASR A4.4 Punkt 4 Absatz 7)

5. Werden Beschäftige untergebracht, die einen Rollstuhl benutzen, muss in jedem Raum, ausgenommenen dem Windfang, eine freie Bewegungsfläche von mindestens 1,50 × 1,50 m vorhanden sein. Für Beschäftigte, die eine Gehhilfe oder einen Rollator benutzen, ist eine freie Bewegungsfläche von mindestens 1,20 × 1,20 m vorzusehen. Werden zwei oder mehr Beschäftigte untergebracht, die einen Rollator oder einen Rollstuhl benutzen, ist die freie Bewegungsfläche entsprechend anzupassen. (ASR A4.4 Punkt 5.2 Absatz 1 sowie Punkt 5.4 Absatz 6 Satz 3)

6. Die Möglichkeit zum Waschen, Trocknen und Bügeln von Kleidung sowie die Zubereitungs-, Aufbewahrungs-, Kühl- und Spülgelegenheiten müssen für blinde Beschäftigte, Kleinwüchsige und für Beschäftigte, die einen Rollstuhl benutzen, erreichbar und benutzbar sein. (ASR A4.4 Punkt 5.4 Absätze 7 und 8)

Hinweis:

Für die barrierefreie Gestaltung von Unterkünften gelten zudem die in dieser ASR V3a.2 in den jeweiligen Anhängen beschriebenen ergänzenden Anforderungen.

Fluchtweg-Beschilderung 9

Die Vorgabe der Fluchtwegbeschilderung ist eine Momentaufnahme, die an dem Tag gültig ist, an dem das Brandschutzkonzept oder der Flucht- und Rettungsplan festgelegt wurde. Werden danach bauliche Änderungen vorgenommen oder ändern sich die Laufwege, so ist auch die Beschilderung anzupassen.

Fluchtwege sind Verkehrswege, die ins Freie führen oder in einen gesicherten Bereich. Fluchtwege im Sinne dieser Regel sind auch die im Bauordnungsrecht definierten Rettungswege, sofern sie selbstständig begangen werden können. Und so aus einem möglichen Gefährdungsbereich zugleich zur Rettung von Personen dienen.

Den ersten Fluchtweg bilden die für die Flucht erforderlichen Verkehrswege und Türen, die nach dem Bauordnungsrecht notwendigen Flure und Treppenräume für notwendige Treppen sowie die Notausgänge.

Der zweite Fluchtweg führt durch einen zweiten Notausgang, der als Notausstieg ausgebildet sein kann.

A. Merschbacher, *Flucht- und Rettungswege*, https://doi.org/10.1007/978-3-658-32845-0_9

Fachlich richtig spricht man von **Fluchtwegen, Notausgängen** und **Notaus-stiege.** Diese müssen ständig freigehalten werden, damit sie jederzeit benutzt werden können.

Mit Fluchtweg ist in der Regel der 1) Fluchtweg gemeint. Fluchtwege sind deutlich erkennbar und dauerhaft zu kennzeichnen. Die Kennzeichnung ist im Verlauf des Fluchtweges an gut sichtbaren Stellen und innerhalb der Erkennungs-weite anzubringen. Sie muss die Richtung des Fluchtweges anzeigen. Der erste und der zweite Fluchtweg dürfen innerhalb eines Geschosses über denselben Flur zu Notausgängen führen. In Arbeitsstätten, öffentlichen Gebäuden oder beispiels-weise Krankenhäusern muss sowohl der 1) Wie auch 2) Fluchtweg beschildert werden.

Im Unterschied zur Bezeichnung des 1) Fluchtweges mit Fluchtweg, wird der 2) Fluchtweg meist mit Notausgang oder Notausstieg bezeichnet.

Fluchtwege sind Wege, wie zum Beispiel Flure oder Ausgänge ins Freie oder in gesicherte Bereiche. Im Gefahrenfall sollen sie ein Verlassen der betriebli-chen Anlage gewährleisten und Mitarbeitern ermöglichen, sich in Sicherheit zu bringen.

Rettungswege sind im Prinzip die Zugänge und Wege für die Einsatzkräfte, wie zum Beispiel der Feuerwehr oder den Rettungssanitätern. Über diese Ret-tungswege erfolgte Bergung von verletzten Personen und die Brandbekämpfung, gemäß der ASR A2.3.

Für den Brandschutzplaner oder den Brandschutzbeauftragten gilt, dass bei der Anbringung der Fluchtwegschilder der gesamte Fluchtweg auf die Regeleinhal-tung und die Begehbarkeit überprüft werden muss.

Man differenziert bei Sicherheitsleuchten bezüglich der Lichtquelle zwischen Rettungswege mit „Beleuchteten Sicherheitszeichen" (mit externer Lichtquelle beleuchtet) und „Hinterleuchteten Sicherheitszeichen" (mit interner Lichtquelle). Die Unterscheidung „beleuchtet oder hinterleuchtet" ist relevant für die Lichtplanung und hat in Abhängigkeit der Zeichenhöhe Einfluss auf die Erkennungsweite. Sie wirkt sich auch auf die Anzahl der zu planenden Rettungszeichenleuchten aus. Die Form- und Farbgestaltung inklusive der Leuchtdichteverhältnisse obliegt dem Leuchtenhersteller.

Fluchtwege sind grundsätzlich mit einer Sicherheitsbeleuchtung auszurüsten, wenn bei Ausfall der Allgemeinbeleuchtung das gefahrlose Verlassen der Arbeitsstätte nicht gewährleistet ist. (ASR A2.3 Teil 8).

Für die Verwendung von Rettungszeichenleuchten anstelle von nachleuchtenden Schildern sprechen gleich mehrere Vorteile.

Farbe

- Rettungszeichen sind aufgrund ihrer Farbe leicht und eindeutig erkennbar
- Schilder mit lang nachleuchtenden Pigmenten wirken nach dem Netzausfall dunkel
- Grün als Sicherheitsfarbe ist bei langnachleuchtenden Schildern nicht erkennbar, die Kontrastfarbe Weiß erscheint gelblich

Erkennungsweite

- mit abnehmender Leuchtdichte verringern sich Sehschärfe und Erkennbarkeit
- Rettungszeichenleuchten mit einer Höhe von 20 cm sind auch aus 40 m Entfernung noch gut zu erkennen, nachleuchtende Sicherheitszeichen hingegen nur bis zu einer Entfernung von 20 m

Wirksamkeit

- Sicherheitsleuchten arbeiten unabhängig vom Betriebszustand der Allgemeinbeleuchtung
- nachleuchtende Materialien müssen ständig ausreichend beleuchtet werden
- Lampen mit überwiegendem Rotanteil (z. B. Glühlampen) sowie Natriumdampf-Hochdrucklampen eignen sich nicht für die Anregungsbeleuchtung

Leuchtdichte

- Sicherheitsleuchten sorgen über die ganze Betriebsdauer für eine konstante Leuchtdichte
- die vom Auge wahrgenommene Helligkeit der nachleuchtenden Schilder nimmt allerdings ab

Rettungszeichenleuchte
500 cd/m2 Leuchtdichte der weißen Kontrastfarbe bei Rettungszeichenleuchte in Dauerschaltung.

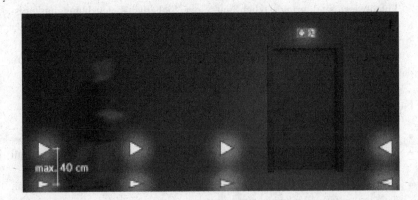

Nachleuchtendes Schild
150 mcd/m2 Leuchtdichte der weißen Kontrastfarbe eines lang nachleuchtenden Schildes unter Anregungsbeleuchtung.

Für Deutschland gültige Sicherheitszeichen
Entsprechend DIN 4844-2 (Ausgabe 2012) und ASR A1.3 (Ausgabe Februar 2013).

Fluchtwege und Notausgänge führen im Falle eines Brandes oder einer anderen Gefährdung schnell ins Freie, sofern man den richtigen Weg dorthin findet. Damit Jeder, egal ob ihm ein Gebäude bekannt ist, oder er sich das erste Mal dort befindet, den Fluchtweg nach draußen findet, müssen die Rettungswege zum Notausgang mit Flucht- und Rettungswegzeichen gekennzeichnet sein. Um die Fluchtrichtung zum Notausgang verständlich anzugeben, muss das Rettungszeichen „Notausgang" mit einer Richtungsangabe kombiniert werden. Die zu verwendenden Symbole sind in der DIN EN ISO 7010 und in der ASR A1.3 (2013) definiert.

In der ASR A1.3 gibt es aber keine Regelung über die richtige Kombination von Rettungswegzeichen, Rettungszeichen und Richtungspfeil, um die Fluchtrichtung eindeutig festzulegen. Diese Lücke wurde mit der DIN SPEC 4844-4:2014-04 geschlossen. Diese Norm verweist auch auf die internationalen Festlegungen zur Kombination von Rettungszeichen und Richtungsangabe in der ISO 16069:2004. Da es in Deutschland bisher keine verbindliche Regelung gab, welche Richtungsangabe der Pfeile zu verwenden ist, findet man bisher meist den nach unten zeigenden Pfeil, wenn „geradeaus gehen" vermittelt werden soll. Diese Praxis widerspricht allerdings der internationalen Praxis und den Festlegungen in der DIN ISO 16069:2019-04. Bei der Richtungsangabe ist noch zu unterscheiden, ob nur eine Laufrichtung oder gleichzeitig ein Etagenwechsel angezeigt werden soll. Die Aussage der zur Rettungswegkennzeichnung kombinierten Symbole „Notausgang" und Richtungspfeil muss dabei immer vom Punkt des Betrachters aus zutreffen.

Für die Benutzung von Fluchtwegen ist die häufigste Ursache Brände. Trotz moderner Bauvorschriften ist die Sicherung der Rauchfreiheit von Fluchtwegen nur selten gesichert. Darüber hinaus sind zum Beispiel Treppenhäuser und lange Flure auch am Tage nur mit Kunstlicht erhellt, da sie im Innern eines Gebäudes liegen. Damit ergibt sich die Notwendigkeit, dass eine Fluchtwegkennzeichnung auch bei Verrauchung und Dunkelheit erkennbar sein muss. Zusätzlich müssen Personen auch bei längeren Fluchtwegen ein Gebäude zügig verlassen können.

In der Gestaltung und Kennzeichnung von Fluchtwegen steigt die Wichtigkeit

- je mehr Personen im Gebäude sind,
- je größer das Gebäudes ist,
- je später ein Brand entdeckt wird,
- je höher die Anzahl der Personen mit eingeschränkter Mobilität ist,
- mit dem Anteil an mobilitätseingeschränkten und behinderten Menschen
- je länger der Anfahrtsweg der Feuerwehr ist.

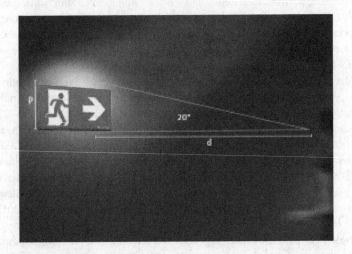

Für die Kennzeichnung der Fluchtwege können neben der Installation von Sicherheits- und Rettungswegleuchten auch langnachleuchtende Fluchtwegschilder und Leitmarkierungen verwendet werden.

Um auch bei Verrauchung das Ziel eines gut erkennbaren Fluchtweges zu errei-chen wurde in der ASR A3.4/3 und in der DIN 67510-3 der Einsatz bodennaher optischer Sicherheitsleitsysteme geregelt.

Insgesamt regeln drei Arbeitsstättenregeln die verschiedenen Elemente einer Fluchtwegkennzeichnung und -gestaltung:

- ASR A 1.3 „Sicherheits- und Gesundheitsschutzkennzeichnung"
- ASR A 2.3 „Fluchtwege und Notausgänge, Flucht- und Rettungsplan"
- ASR A 3.4/3 „Sicherheitsbeleuchtung, optische Sicherheitsleitsysteme"

Im Folgenden sind die wesentlichsten Bestimmungen aus diesen Arbeitsstättenregeln zitiert:

ASR 2.3 § 7 (2)

Erforderlichenfalls ist ein Sicherheitsleitsystem einzurichten, wenn aufgrund der örtlichen oder betrieblichen Bedingungen eine erhöhte Gefährdung vorliegt. Eine erhöhte Gefährdung kann z. B. in großen zusammenhängenden oder mehrgeschossigen Gebäudekomplexen, bei einem hohen Anteil ortsunkundiger Personen oder einem hohen Anteil an Personen mit eingeschränkter Mobilität vorliegen. Dabei kann ein Sicherheitsleitsystem notwendig sein, das auf eine Gefährdung reagiert und die günstigste Fluchtrichtung anzeigt.

ASR 3.4/3 § 5.2

1. *Langnachleuchtende Sicherheitsleitsysteme sind so zu bemessen und einzurichten, dass die Leuchtdichte der nachleuchtenden Materialien, gemessen am Einsatzort, nach 10 min nicht weniger als 80 mcd/m2 (Millicandela/m2) und nach 60 min nicht weniger als 12 mcd/m2 beträgt.*
2. *Die Leitmarkierungen von langnachleuchtenden Sicherheitsleitsystemen müssen eine Mindestbreite von 5 cm haben. Die Mindestbreite der Leitmarkierungen in Form von Streifen von langnachleuchtenden Sicherheitsleitsystemen kann bis auf 2,5 cm verringert werden, wenn die Leuchtdichte nach 10 min nicht weniger als 100 mcd/m2 und nach 60 min nicht weniger als 15 mcd/m2 beträgt.*
3. *Fluchttüren in Fluchtwegen und Notausgängen sind mit langnachleuchtenden Materialien zu umranden. Der Türgriff ist langnachleuchtend zu gestalten oder der Bereich des Türgriffes ist flächig langnachleuchtend zu hinterlegen. Treppen, Treppenwangen, Handläufe und Rampen im Verlauf von Fluchtwegen sind so zu kennzeichnen, dass der Beginn, der Verlauf und das Ende eindeutig erkennbar sind. Die oben genannten Werte gelten entsprechend. Das gilt auch für Notbetätigungseinrichtungen.*

Bei der Planung sollte bereits berücksichtigt werden, dass bei einem Brand Menschen mit Behinderung, die Anforderungen an Feuerwehr und Rettungskräfte enorm groß ist. Viele Feuerwehrleute sind im Umgang unsicher und ängstlich mit schwer oder mehrfach behinderten Menschen.

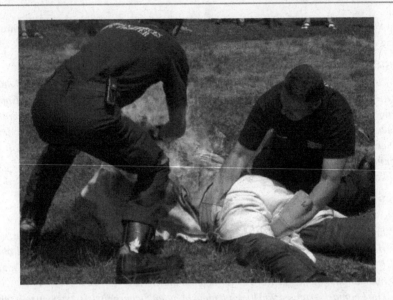

Es kommt häufig vor, dass Menschen mit Behinderung im Brandfall nervös werden und um sich schlagen, dass sie sich weigern, das Haus zu verlassen oder im Gegenteil beharrlich versuchen, in ein brennendes Gebäude zurückzukehren. Es kommt sogar vor, dass Behinderte oder im Pflegeheim Betreute, sich weigern eine bestimmte Tür zu nutzen und dies auch im Notfall partout nicht wollen. Solche schwer zu prognostizierenden Verhaltensweisen können wertvolle Zeit kosten und den Erfolg eines Einsatzes gefährden. Für die Rettungskräfte sind sie unter Umständen sehr verwirrend.

Welchen Brandschutz-Anforderungen Gebäude genügen müssen, ist in den Bauordnungen der Bundesländer festgelegt, die zwischen Regel- und Sonderbauten unterscheiden. Für erstere gelten die Auflagen der Bauordnung, an letztere kann die Bauaufsicht zusätzliche Anforderungen stellen. In der Praxis ist fast jede Einrichtung für Behinderte ein Sonderbau.

Während Experten in solchen Einrichtungen einen flächendeckenden automatischen Feueralarm für absolut notwendig halten, sind sie bei der Forderung nach Sprinkleranlagen dem Brand eher skeptisch. Damit ein Sprinkler auslöst, müssen sehr hohe Temperaturen herrschen von über 70 Grad, an der Zimmerdecke sogar über hundert Grad. Bis die Sprinkleranlage auslöst, ist es schon zu spät. Schließlich reichen wenige Atemzüge, bis der Rauch den Körper lähmt.

Umso wichtiger ist es deshalb, in den Einrichtungen die Ausbreitung von Feuer und Rauch möglichst lange einzudämmen. Funktioniert der vorbeugende Brandschutz, breitet sich Feuer und Rauch nicht gleich über die ganze Etage und mehrere Geschosse aus. Deshalb plant man das Gebäude unterteilt in viele Brandabschnitte. Man sollte lieber auf einer Etage vier Zimmer machen, statt einen großen Raum, damit man bei einem Brand ins Nebenzimmer gehen kann und dadurch Zeit gewinnt, bis die Rettungskräfte eintreffen.

Zudem muss berücksichtigt werden, dass Personen mit Behinderungen nicht schnell fliehen könnten. Rettungswege müssen deshalb möglichst kurz sein. Ebenfalls für sinnvoll halten Experten, zwei 1. Rettungswege im Gebäude zu haben. Wenn der zweite Fluchtweg über eine Feuerwehrleiter führt, kann es sein, dass sich Behinderte fürchten und dann wehren, dann hat die Feuerwehr ein echtes Problem. Unter Umständen können sich so Behinderte vermehrt selbst retten.

Auch die Architektur selbst kann dazu beitragen, eine Behinderteneinrichtung sicherer zu machen. „Orientierung ist sehr wichtig", sagt der Architekt Linus Hofrichter, der schon mehr als drei Dutzend Behinderteneinrichtungen gebaut hat. „Der Mensch läuft immer ins Helle. Deshalb sollten Flure mit dunklem Ende vermieden werden. Wichtig sind viele Fenster und Türen ins Freie." Bei großen Gebäuden ließen sich dunkle Sackgassen etwa durch Innen- oder Lichthöfe vermeiden.

Letztendlich sind ebenerdige Gebäude empfehlenswerter. Darin sind keine Treppen notwendig, die etwa für Rollstuhlfahrer zum Hindernis werden und man ist nicht auf Aufzüge angewiesen, die im Brandfall zur Falle werden können.

Die **DIN EN ISO 7010** ist seit Januar 2013 die europäische Norm für Sicherheitszeichen, die in Zeiten verblassender Grenzen eine einheitliche europäische Sicherheitskennzeichnung ermöglichen soll. Diese weist auf Einrichtungen, Geräte oder Rettungswege hin, die primär für die Rettung von Personen von Bedeutung sind. Sie besitzen eine grüne Grundfärbung, einen weißen Rand und ein weißes Piktogramm.

Die DIN EN ISO 7010 wurde entwickelt, um mindestens europaweit einen einheitlichen Standard für die Sicherheitskennzeichnung zu schaffen. In Zeiten eines vereinheitlichten europäischen Arbeitsmarktes gewinnt eine sprachunabhängige, einfach zu erkennende und universell verständliche Sicherheitskennzeichnung zunehmend an Bedeutung. Folgerichtig sind reine Textschilder nicht mehr zulässig.

Im Oktober 2012 erschien die DIN EN ISO 7010, die deutsche Fassung der europäischen Norm EN ISO 7010:2012. Beide basieren auf der internationalen Norm ISO 7010:2011 und ermöglichen so eine genormte Sicherheitskennzeichnung – national, in Europa, international. Die in den Normen der ISO 7010 festgelegten Sicherheitszeichen werden in die Kategorien Rettungsschilder, Verbotszeichen, Warnzeichen, Brandschutzzeichen und Gebotszeichen eingeteilt. Sie gelten für alle Bereiche in einem Betrieb, an denen es darum geht, die personelle Sicherheit zu bewahren.

Mit dem Ausgabedatum 2020-07 ist die DIN EN ISO 7010 grafische Symbole – Sicherheitsfarben und Sicherheitszeichen – Registrierte Sicherheitszeichen (ISO 7010:2019) erschienen. Das Dokument kann bei der Beuth Verlag GmbH, 10772 Berlin (Hausanschrift: Saatwinkler Damm 42/43, 13627 Berlin) bezogen werden.

Auch der **DIN/TR 4844-4** ist mit Ausgabemonat 2020-07 erschienen. Aus der bisherigen DIN SPEC (Fachbericht) ist nun ein Technischer Report (TR) hervorgegangen. Im „Leitfaden zur Anwendung von Sicherheitskennzeichnung" sind einige Abschnitte (6, 7, 10, 11, 12) und Anhänge neu aufgenommen bzw. erweitert worden (Abschnitte 8). Im Abschnitte 11 wurde ein Beispiel für einen Flucht- und Rettungsplan aufgenommen. Auch redaktionell wurde der TR überarbeitet. Wie sollte eine kontinuierliche Darstellung des Fluchtweges mithilfe der Fluchtweg-kennzeichnung am besten erfolgen? – Auskunft gibt hier der Abschnitte 7. Bezug genommen wird im TR im Abschnitte 7.2 (Kombination von Rettungszeichen mit Richtungspfeil) auf die DIN ISO 16069:2019. Für die Praxis bedeutet dies zum Beispiel, dass der Fluchtwegverlauf geradeaus durch die Kombination ISO 7010-E001 bzw. E002 mit dem Richtungspfeil nach oben dargestellt wird. Auch auf die Kennzeichnung von Erste-Hilfe- und Brandschutzeinrichtungen wird im TR eingegangen (Abschnitte 9). Erwähnenswert ist hierbei die Kennzeichnung von Einrichtungen, die sich in der Nähe befinden. Diese sollen durch eine Kombination aus Sicherheitszeichen und Zusatzzeichen Richtungspfeil dargestellt werden, wobei der Richtungspfeil ein Dreieck darstellt.

Im Abschnitte 10 wird dann auf die Flucht- und Rettungspläne eingegangen. Darin festgelegt ist eine neue Anbringungshöhe für Pläne (Planmitte bei 1,60 m; für Rollstuhlfahrer 1,30 m über Standfläche des Beobachters). Neu festgelegt wurden auch die Farbtöne der horizontalen (weißgrün) und vertikalen (gelbgrün) Flucht-wege. Für die Darstellung von baulichen Anlagen auf entsprechenden Plangrößen (A3, A2) sind Beispiele für Gebäudegrößen angegeben. So kann beispielsweise auf einem A3-Plan die Gebäudegröße maximal 40 m × 70 m – bei einem Maßstab von 1:250 – betragen.

Neben den baulichen Maßnahmen, die für eine sichere und zügige Evakuierung getroffen werden müssen, sind für die sicherheitsgemäße Nutzung von Notaus-gängen auch Regeln zur Kennzeichnung und zur Absicherung der Notausgänge unverzichtbar.

Die Technische Regel für Arbeitsstätten ASR A2.3 „Fluchtwege und Notaus-gänge, Flucht- und Rettungsplan" enthält detaillierte Vorgaben zur Gestaltung von Notausgängen und benennt konkrete Sicherheitseinrichtungen. So besteht bei der Einrichtung von Notausgängen und Fluchtwegen, die in diesen münden, eine Pflicht diese zu kennzeichnen. Hierfür verweist die ASR A2.3 auf die Sicherheitskennzeich-nung der ASR A1.3, die als Fluchtweg- und Rettungskennzeichnung ein System von grünen Schildern mit weißem oder beigem Aufdruck definiert.

Dabei müssen die auf den Fluchtwegschildern dargestellten Pfeile stets in die Richtung des nächstgelegenen Notausgangs zeigen. Der Notausgang selbst sollte ebenfalls durch Sicherheitskennzeichnung als solcher zu erkennen sein. Dazu wird meist unmittelbar oberhalb der Tür ein Schild angebracht, das die Fluchtrichtung als durch die Tür (mit einem Pfeil nach unten) anzeigt. Bei der Beschilderung ist neben der Erkennungsweite darauf zu achten, dass sowohl die Fluchtwegkennzeichnung als auch die Beschilderung des Notausgangs selbst- oder langnachleuchtend sind und auch bei Ausfall der Stromversorgung erkennbar bleiben.

Der Brandschutzbeauftragte 10

Für den Brandschutz gilt stets der Grundsatz: „Bauliche Anlagen müssen so beschaffen sein, dass der Entstehung eines Brandes und der Ausbreitung von Feuer und Rauch vorgebeugt wird und bei einem Brand die Rettung von Menschen und Tieren sowie wirksame Löscharbeiten möglich sind" (§ 17 Musterbauordnung).

In typischen Unternehmen kann sich der Betriebsinhaber in der Regel nicht um alles selbst kümmern. Er hat auch meist nicht die fachliche Ausbildung dafür. Deshalb besteht die Möglichkeit, Verantwortung und Aufgaben qualifiziert zu delegieren.

Das Unternehmen haftet zivilrechtlich gemäß den §§ 31 und 823 BGB für Handlungen seiner Organe, also Mitarbeiter und der diesen gleichgestellten Personen.

Ein Arbeitgeber kann sich nur unter den engen Voraussetzungen des § 831 Abs. 1 Satz 2 BGB für die Handlungen seiner Arbeitnehmer entlasten (Auswahl- und Überwachungsverschulden). Inwiefern eine strafrechtliche Verantwortung des Unternehmers auf Mitarbeiter übertragen werden kann, ist jeweils von den gesellschafts- und arbeitsrechtlich festgelegten innerbetrieblichen Aufgabenbereichen des Mitarbeiters abhängig.

Durch die Bestellung eines Brandschutzbeauftragten, der Betriebsangehöriger oder extern bestellter sein kann, überträgt die Betriebs- und Unternehmensleitung die Aufgabe an den Beauftragten, den aktuellen brandschutzmäßigen Istzustand festzustellen, den Gefährdungsgrad zu beurteilen, die wiederkehrenden Prüfungen zu überwachen und.

Die Unternehmensleitung zu unterstützen, bei

- der Ausarbeitung einer Unternehmensleitlinie für den Umgang mit dem Brandschutz
- der Durchführung und Vorbereitung von Brandschutzbegehungen durch die Feuerwehr oder den Versicherer
- Umsetzung und Investitionsentscheidungen in Belangen des Brandschutzes
- Veränderung von baulichen Anlagen durch Neu- oder Umbau
- Einbindung bei allen Fragen seitens der genehmigenden Behörden, der Feuerversicherung und der Feuerwehr
- Bestimmung von erforderlichen Ersatzmaßnahmen bei Ausfall oder Außerbetriebsetzung von Brandschutzeinrichtungen
- Ausarbeitung von Dokumentationen und die Durchführung von Unterweisungen für Betriebsangehörige und die Unterrichtung von Brandschutzhelfern.

Aktualisierung und Überwachung von

- Flucht- und Rettungswegplänen

- der Brandschutzordnung
- Feuerwehrlaufkarten
- betriebliche Gefahrenabwehrpläne
- Feuerwehr- und Räumungspläne

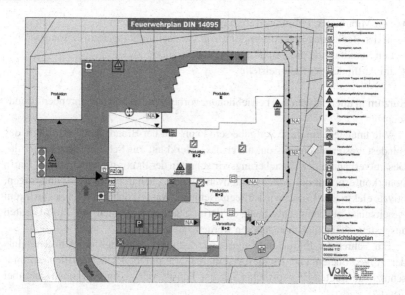

Berichterstattung an die Unternehmensleitung

- Über Änderungs- oder Ergänzungsbedarf in Brand- und Explosionsschutzgegebenheiten
- Erkenntnisse aus der Gefährdungsbeurteilung
- alle Vorkommnisse, die den Brandschutz oder die Flucht- und Rettungswegsituation betreffen und Vorschläge zur Abhilfe ausarbeiten

Überwachung und Kontrolle

- des bestehenden Brandschutzkonzeptes und der aktuellen Baugenehmigung, bzw. der darin enthaltenen Auflagen
- durch regelmäßige Betriebsbegehungen und Erfassung von Brandgefahren durch geänderte Brandlastenverteilung

- der Wartungsintervalle von Brandmeldeanlagen, RWA- oder Brandschutzklappen
- der Abschlüsse von Flucht- und Rettungswegen und deren Funktion

Organisation von Brandschutzübungen und Unterweisung

- von Mitarbeiter, Führungskräften und Brandschutzhelfern
- in der Bedienung und Anwendung von Löscheinrichtungen, insbesondere über den Standort und die Funktion von Feuerlöschern
- im Auffinden der Sammelstelle

Kurzum in allen Fragen des betrieblichen, vorbeugenden und abwehrenden Brandschutzes.

Wie unangenehm diese Aufgabe sein kann, hat der Brandschutzbeauftragte des Bundestages erfahren müssen, als er das „Merkblatt zur Schadensverhütung" des Gesamtverbandes der Versicherungswirtschaft in der Praxis umsetzen wollte. Darin steht, konform mit der Arbeitsstättenverordnung, „Mitarbeitern ist zu untersagen, private elektrische Geräte wie Kaffeemaschinen, Wasserkocher und Radios an ihrem Arbeitsplatz zu benutzen", heißt es darin. Stattdessen sollten mit Profi-Geräten ausgestattete Teeküchen angeboten werden.

Ein Schrei der Entrüstung folgte und Zeitungen betitelten das Unverständnis der Abgeordneten und Bundestagsmitarbeitern mit den Überschriften „Brandschutzbeauftragter ist päpstlicher als der Papst", oder „Sind die noch ganz bei Toast?"

Aber genau das ist die Aufgabe des Brandschutzbeauftragten. Er oder Sie muss alle möglichen Risiken erkennen und dagegen einschreiten. Ich weiß ja nicht, wie das ganze genau abgelaufen ist, aber von der Vorgehensweise wird ein Ereignis-Zustand festgestellt, dieser schriftlich der Unternehmens- oder Geschäftsleitung mitgeteilt und dann durch diese eine Entscheidung getroffen, die dann mit „Rückenwind" zum Ergebnis führt.

Wie wird man Brandschutzbeauftragter?
Der Brandschutzbeauftragte wird schriftlich von der Betriebs- oder Unternehmensleitung bestellt. In der Bestellung sollte konkret eine Beschreibung der Tätigkeit und die Funktion beschrieben werden, sowie die Konditionen und die Modalitäten in Form der Zutrittsberechtigung, Weisungskompetenz und die dafür freigestellte Arbeitszeit, sofern es sich um einen angestellten BSB (Brandschutzbeauftragten) handelt.

Die Ausbildung

Geeignet für den Brandschutzbeauftragten sind Mitarbeiter mit Vorkenntnissen im Brandschutz, Mitarbeiter mit der Kenntnis der individuellen Betriebsverhältnisse und Absolventen einer speziellen Ausbildung und Zertifizierung zum Brandschutzbeauftragten.

Den Umfang der Ausbildung finden wir in den vfdb 12-09-01:2014-011 (03) Vorgaben „Bestellung, Aufgaben, Qualifikation und Ausbildung von Brandschutzbeauftragten"

(Richtlinien der Vereinigung zur Förderung des Deutschen Brandschutzes e. V. – vfdb), bzw. in der DGUV (Deutsche Gesetzliche Unfallversicherung) -Information 205-003.

Diese Kenntnisse kann man sich in 5–14 Tage-Lehrgängen bei der DEKRA, dem TÜV-Süd oder dem VdS für eine Lehrgangsgebühr von 1400 € bis 3000 € erwerben. Danach ist man zertifizierter Brandschutzbeauftragter. Voraussetzung ist bei den Einrichtungen eine abgeschlossene Berufsausbildung, die vorzugsweise in einem technischen oder handwerklichen Beruf sein sollte.

Die gesamte Ausbildung des Brandschutzbeauftragten ist als modulares System aufgebaut und gliedert sich in einen theoretischen und einen praktischen Teil, mit anschließenden Fortbildungsmaßnahmen. Die Ausbildung wird meist in 64 Unterrichtseinheiten (1 UE = 45 min) aufgeteilt. Eine verkürzte Ausbildung mit

34 Unterrichtseinheiten für zielgruppenorientierte, baulich organisatorische Vertiefung, sowie eine umfangreiche Ausbildung im Bereich der Anlagentechnik ist möglich.

Diese Grundsätze finden sich auch in der Unfallverhütungsvorschrift „Notfallmaßnahmen (BGV A1, §22)".

Der Begriff Brandschutzbeauftragter war bisher nicht geschützt. Relevant wird dessen Ausbildung aber dann, wenn ein vermeidbares Schadensereignis eintritt und der Brandschutzbeauftragte dazu eine Stellungnahme abgeben soll, sich dabei outet, dass der Chef nur seine Hausmeistertätigkeit für 70 € im Monat ohne Ausbildung und Kenntnisse erweitert habe.

Dies hängt mit den Pflichten des Arbeitgebers, gegenüber seinen Mitarbeitern zusammen, die in den §§ 241 Abs. 2, 617–619 BGB, sowie weiterer Regelwerke der Arbeitsstättenverordnung, des Arbeitsschutzgesetzes und des Arbeitssicherheitsgesetzes (BGV A1 §21) geregelt sind.

In der Arbeitsstättenverordnung steht explizit:

§ 4 Besondere Anforderungen an das Betreiben von Arbeitsstätten

1. Der Arbeitgeber hat die Arbeitsstätte instand zu halten und dafür zu sorgen, dass festgestellte Mängel unverzüglich beseitigt werden. Können Mängel, mit denen eine unmittelbare erhebliche Gefahr verbunden ist, nicht sofort beseitigt werden, hat er dafür zu sorgen, dass die gefährdeten Beschäftigten ihre Tätigkeit unverzüglich einstellen.
2. Der Arbeitgeber hat dafür zu sorgen, dass Arbeitsstätten den hygienischen Erfordernissen entsprechend gereinigt werden. Verunreinigungen und Ablagerungen, die zu Gefährdungen führen können, sind unverzüglich zu beseitigen.

3. Der Arbeitgeber hat die Sicherheitseinrichtungen, insbesondere Sicherheitsbeleuchtung, Brandmelde- und Feuerlöscheinrichtungen, Signalanlagen, Notag-
   gregate und Notschalter sowie raumlufttechnische Anlagen instand zu halten
   und in regelmäßigen Abständen auf ihre Funktionsfähigkeit prüfen zu lassen.
4. Der Arbeitgeber hat dafür zu sorgen, dass Verkehrswege, Fluchtwege und Notausgänge ständig freigehalten werden, damit sie jederzeit benutzbar sind. Der
   Arbeitgeber hat Vorkehrungen so zu treffen, dass die Beschäftigten bei Gefahr
   sich unverzüglich in Sicherheit bringen und schnell gerettet werden können.
   Der Arbeitgeber hat einen Flucht- und Rettungsplan aufzustellen, wenn Lage,
   Ausdehnung und Art der Benutzung der Arbeitsstätte dies erfordern. Der Plan
   ist an geeigneten Stellen in der Arbeitsstätte auszulegen oder auszuhängen. In
   angemessenen Zeitabständen ist entsprechend diesem Plan zu üben.

5. Der Arbeitgeber hat beim Einrichten und Betreiben von Arbeitsstätten Mittel
   und Einrichtungen zur Ersten Hilfe zur Verfügung zu stellen und regelmäßig auf
   ihre Vollständigkeit und Verwendungsfähigkeit prüfen zu lassen.

Die Verletzung dieser Pflichten zieht haftungsrechtliche Konsequenzen nach sich.
Damit der Unternehmer oder Auftraggeber diese Verpflichtung delegieren kann,
wird ja der Brandschutzbeauftragte bestellt. Ist dieser nicht qualifiziert und dies dem
Arbeitgeber bekannt, wandert die strafrechtliche Bewertung mindestens in den fahrlässigen, wenn nicht gar grob fahrlässigen Bereich. Inwiefern Feuerversicherungen
von Leistungen dann frei sind, ist ebenfalls vom Einzelfall abhängig.

Ist ein Brandschutzbeauftragter – bei festgestellter Notwendigkeit – erforderlich, ob intern oder extern, so ist dessen Qualifikation gemäß der DGUV-Information 205-003 nachzuweisen.

Man kann Feuer und Rauch weder verhindern noch ausschließen. Doch vorbeugen und Gefahren vermeiden, das ist möglich und auch dringend erforderlich.

Für bestimmte Einrichtungen, wie Krankenhäuser sind besondere Schulungen erforderlich. Diese Qualifikation nennt sich dann Brandschutzbeauftragter für Krankenhäuser.

Flächen für die Feuerwehr

Damit die Feuerwehr die Flucht- und Rettungswege ohne einschränkende Probleme ihrer Bestimmung gemäß nutzen und verwenden kann, sind bauliche Vorgaben zu beachten und umzusetzen.

Die Muster-Richtlinien über Flächen für die Feuerwehr – Fassung Februar 2007 – (zuletzt geändert durch Beschluss der Fachkommission Bauaufsicht vom Oktober 2009) zur Ausführung des § 5 MBO wird hinsichtlich der Flächen für die Feuerwehr folgendes bestimmt:

1. **Befestigung und Tragfähigkeit**
   Zu- oder Durchfahrten für die Feuerwehr, Aufstellflächen und Bewegungsflächen sind so zu befestigen, dass sie von Feuerwehrfahrzeugen mit einer Achslast bis zu 10 t und einem zulässigen Gesamtgewicht bis zu 16 t befahren werden können. Zur Tragfähigkeit von Decken, die im Brandfall von Feuerwehrfahrzeugen befahren werden, wird auf DIN 1055-3:2006-03 verwiesen.

2. **Zu- oder Durchfahrten**
   Die lichte Breite der Zu- oder Durchfahrten muss mindestens 3 m, die lichte Höhe mindestens 3,50 m betragen. Die lichte Höhe der Zu- oder Durchfahrten ist senkrecht zur Fahrbahn zu messen. Wird eine Zu- oder Durchfahrt auf eine Länge von mehr als 12 m beidseitig durch Bauteile, wie Wände oder Pfeiler, begrenzt, so muss die lichte Breite mindestens 3,50 m betragen. Wände und Decken von Durchfahrten müssen feuerbeständig sein.

© Der/die Autor(en), exklusiv lizenziert durch Springer Fachmedien Wiesbaden GmbH, ein Teil von Springer Nature 2021
A. Merschbacher, *Flucht- und Rettungswege*,
https://doi.org/10.1007/978-3-658-32845-0_11

Außenradius der Kurve (in m)	Breite mindestens (in m)
10,5 bis 12	5,0
über 12 bis 15	4,5
über 15 bis 20	4,0
über 20 bis 40	3,5
über 40 bis 70	3,2
über 70	3,0

3. **Kurven in Zu- oder Durchfahrten**
   Der Einsatz der Feuerwehrfahrzeuge wird durch Kurven in Zu- oder Durchfahrten nicht behindert, wenn die in der Tabelle den Außenradien der Gruppen
   zugeordneten Mindestbreiten nicht unterschritten werden. Dabei müssen vor
   oder hinter Kurven auf einer Länge von mindestens 11 m Übergangsbereiche
   vorhanden sein.

4. **Fahrspuren**
   Geradlinig geführte Zu- oder Durchfahrten können außerhalb der Übergangsbereiche (Abschnitte 2 und 13) als Fahrspuren ausgebildet werden. Die
   beiden befestigten Streifen müssen voneinander einen Abstand von 0,80 m
   haben und mindestens je 1,10 m breit sein.

5. **Neigungen in Zu- oder Durchfahrten**
   Zu- oder Durchfahrten dürfen längs geneigt sein. Jede Änderung der Fahr-
   bahnneigung ist in Durchfahrten sowie innerhalb eines Abstandes von 8 m
   vor und hinter Durchfahrten unzulässig. Im Übrigen sind die Übergänge mit
   einem Radius von mindestens 15 m auszurunden.

6. **Stufen und Schwellen**
   Stufen und Schwellen im Zuge von Zu- oder Durchfahrten dürfen nicht höher
   als 8 cm sein. Eine Folge von Stufen oder Schwellen im Abstand von weniger
   als 10 m ist unzulässig. Im Bereich von Übergängen nach Nr. 5 dürfen keine
   Stufen sein.

7. **Sperrvorrichtungen**
   Sperrvorrichtungen (Sperrbalken, Ketten, Sperrpfosten) sind in Zu- oder
   Durchfahrten zulässig, wenn sie von der Feuerwehr geöffnet werden können.

8. **Aufstellflächen auf dem Grundstück**

Aufstellflächen müssen mindestens 3,50 m breit und so angeordnet sein, dass alle zum Anleitern bestimmten Stellen von Hubrettungsfahrzeugen erreicht werden können.

9. **Aufstellflächen entlang von Außenwänden**

Für Aufstellflächen entlang von Außenwänden muss zusätzlich zur Mindestbreite von 3,50 m auf der gebäudeabgewandten Seite ein mindestens 2 m breiter hindernisfreier Geländestreifen vorhanden sein. Die Aufstellflächen müssen mit ihrer der anzuleiternden Außenwand zugekehrten Seite einen Abstand von mindestens 3 m zur Außenwand haben. Der Abstand darf höchstens 9 m und bei Brüstungshöhen von mehr als 18 m höchstens 6 m betragen. Die Aufstellfläche muss mindestens 8 m über die letzte Anleiterstelle hinausreichen.

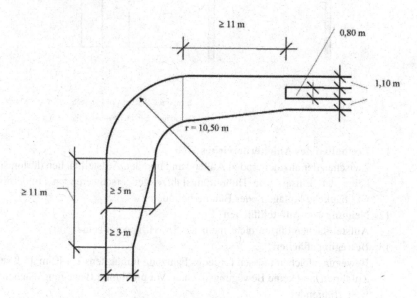

10. **Aufstellflächen rechtwinklig zu Außenwänden**

Für rechtwinklig oder annähernd im rechten Winkel auf die anzuleiternde Außenwand zugeführte Aufstellflächen muss zusätzlich zur Mindestbreite von 3,50 m beidseitig ein mindestens 1,25 m breiter hindernisfreier Geländestreifen vorhanden sein; die Geländestreifen müssen mindestens 11 m lang sein. Die Aufstellflächen dürfen keinen größeren Abstand als 1 m zur Außenwand haben. Die Entfernung zwischen der Außenseite der Aufstellflächen und der entferntesten seitlichen Begrenzung der zum Anleitern bestimmten Stellen darf 9 m und bei Brüstungshöhe von mehr als 18 m 6 m nicht überschreiten.

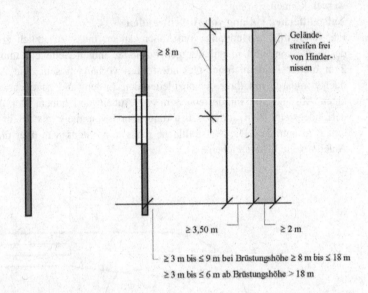

11. **Freihalten des Anleiterbereiches**
    Zwischen der anzuleiternden Außenwand und den Aufstellflächen dürfen sich keine den Einsatz von Hubrettungsfahrzeugen erschwerenden Hindernisse wie bauliche Anlagen oder Bäume befinden.
12. **Neigung von Aufstellflächen**
    Aufstellflächen dürfen nicht mehr als 5 v. H. geneigt sein.
13. **Bewegungsflächen**
    Bewegungsflächen müssen für jedes Fahrzeug mindestens 7 x 12 m groß sein. Zufahrten sind keine Bewegungsflächen. Vor und hinter Bewegungsflächen an weiterführenden
    Zufahrten sind mindestens 4 m lange Übergangsbereiche anzuordnen.

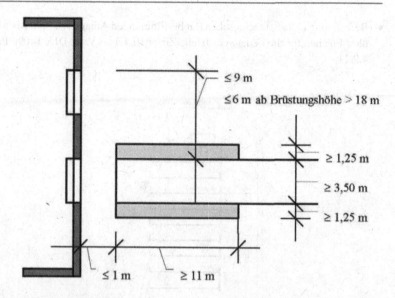

14. Zu- oder Durchgänge

Zu- oder Durchgänge für die Feuerwehr sind geradlinig und mindestens 1,25 m breit auszubilden. Für Türöffnungen und andere geringfügige Einengungen in diesen Zu- oder Durchgängen genügt eine lichte Breite von 1 m.

Wichtige Einzelanforderungen, die nicht in der Richtlinie über die „Flächen für die Feuerwehr" berücksichtigt sind

- Kennzeichnung der Feuerwehrzufahrt mit Hinweisschildern und zusätzliche Beschilderung nach StVO § 12 Abs. 1 StVO i. V. m. Liste der technischen Baubestimmungen, Anlage 7.4/1 zur Richtlinie über Flächen für die Feuerwehr sowie DIN 14090 Punkt 4.2.7 und 4.2.9
- Kennzeichnung der Fahrspuren (z. B. Pfosten, Bepflanzung o. ä.) Anlage 7.4/1 zur Richtlinie über Flächen für die Feuerwehr
- Höhenangabe bei Feuerwehrdurchgängen DIN 14090 Punkt 4.1
- Absenkung des Bordsteins DIN 14090 Punkt 4.2.8
- Befestigung der Aufstellfläche (Auflagendruck) DIN 14090 Punkt 4.3.9
- Maximale Entfernung von Gebäuden zur öffentlichen Verkehrsfläche (50 m) z. B. Art. 5 Abs. 1 BayBO

- Befestigung Liste der technischen Baubestimmungen Anlage 7.4/1 zur Richtlinie über Flächen für die Feuerwehr (siehe Ziffer III.1.1) i. V. m. DIN 14090 Punkt 4.2.11

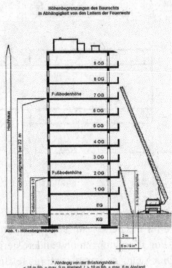

Die jeweiligen Feuerwehren haben individuelle Vorgaben in ihren Richtlinien, die weitgehend den gleichen Inhalt haben, aber doch geringfügig voneinander abweichen.

Es ist jedem Bauherrn oder Architekten zu empfehlen, hier vor Planungsbeginn einen Blick hineinzuwerfen und vor allem abzuklären, welche Leiterfahrzeuge ständig vorgehalten werden.

In unserer obigen Abbildung würden die Wohnungen ab dem 8. OG nicht mehr als 2. Fluchtweg genehmigt werden und ein eigener Sicherheitstreppenraum bis in das oberste Geschoß gefordert werden.

Fluchtwegpläne und Dokumentationen 12

Die Erstellung von Fluchtwegplänen nach DIN ISO 23601 sowie die ASR A2.3 erfolgt entweder auf behördliche Anordnung oder in Eigenverantwortung von Unternehmen, Betreibern, Hausverwaltungen oder Trägern öffentlicher Einrichtungen.

Wozu werden Fluchtwegpläne benötigt?
Fluchtwegpläne dienen im Schadensfall (z. B. Brand oder Feueralarm) dem raschen und sicheren Verlassen des Gebäudes. Insbesondere sollen alternative Fluchtwege aufgezeigt werden, wenn der Haupt-Fluchtweg blockiert ist. Besondere Bedeutung haben diese Pläne in Gebäuden, in denen sich unkundige Besucher aufhalten, die das Gebäude und die Fluchtwege nicht kennen.

Es gibt zwei verschiedene Ausführungen von Fluchtwegplänen:

- Fluchtwegpläne in Fluren oder vor Treppenhäusern
- Fluchtwegpläne in Hotel-, Kranken- oder Klassenzimmern

Was muß ein Fluchtwegplan an Informationen enthalten?

- Das „Verhalten im Brandfall" – ähnlich der Brandschutzordnung, Teil A
- Ein Grundrissplan mit dem Standort
- die möglichen Fluchtwege zu einem voraussichtlich sicheren Bereich
- die Feuerlöscheinrichtungen (Feuerlöscher, Wandhydranten, Löschdecken, etc.)
- die Alarmierungseinrichtungen
- Erste Hilfe Material
- Bei größeren Objekten einen Lageplan mit ausgewiesenem Sammelplatz

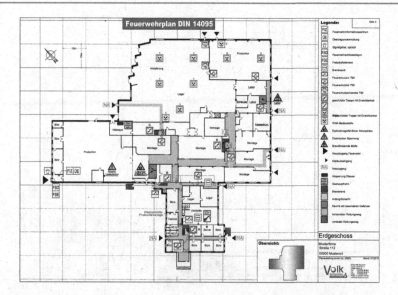

Feuerwehrpläne

Die Feuerwehrpläne werden im Einvernehmen mit der örtlichen Bauaufsichtsbehörde und der Feuerwehr erstellt. Als Grundlage gilt hierfür die DIN 14095.

Feuerwehrpläne dienen der Feuerwehr zur raschen Orientierung im Brandfall. Sie liefern der Einsatzleitung schon vor Erreichen des Einsatzortes wichtige Informationen.

Diese Informationen ermöglichen eine rasche Orientierung und sachgerechte Entscheidungen vor Ort, und rettet im Einzelfall Menschenleben und dienen der Vermeidung größerer Sach- und Umweltschäden.

Feuerwehrpläne bestehen aus:

- Objektbeschreibung, textliche Beschreibung des Objektes.
- Übersichtslageplan, der zeigt das Gelände/Gebäude mit Außenanlagen und Umgebung
- Geschossplan/Geschosspläne mit den einzelnen Geschossen in detaillierter Darstellung
- Abwasserpläne/Sonderpläne mit Informationen für die Feuerwehr über das Kanalsystem, Löschwasserrückhaltesysteme, Absperrmöglichkeiten und Sonderinformationen (z. B. Photovoltaikanlage)

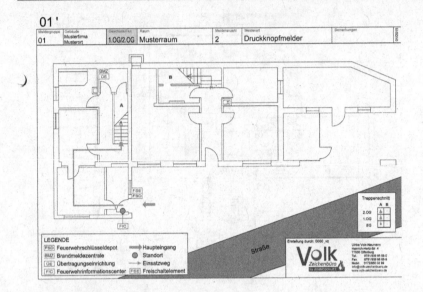

Feuerwehrlaufkarten gem. DIN 14675

Die Feuerlaufkarten werden im Einvernehmen mit der örtlichen Feuerwehr erstellt. Als Grundlage gilt hierfür die DIN 14675.

Feuerwehrlaufkarten führen die Feuerwehr schnell und gezielt an den Ort der Auslösung. Dadurch kann die Feuerwehr den betroffenen Bereich rasch finden und es geht keine wertvolle Zeit im Einsatzfall verloren.

Feuerwehrlaufkarten müssen gut lesbar und übersichtlich aufgebaut sein:

Auf der Vorderseite
Grundrissgebäudeübersicht mit dem Laufweg des Standorts bis zum ausgelösten Bereich.

Auf der Rückseite
Detailplan für den Meldebereich mit der räumlichen Zuordnung der Einzelmelder mit Nummer.

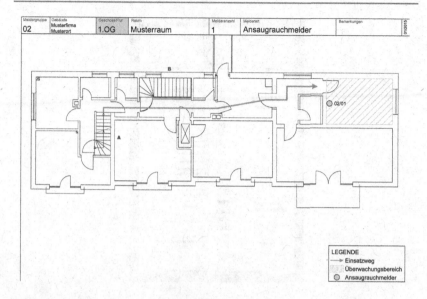

Meldergruppe	Gebäude	Geschoss/Flur	Raum	Melderanzahl	Melderort	Bemerkungen	
02	Musterfirma Musterort	1.OG	Musterraum	1	Ansaugrauchmelder		01/2015

LEGENDE
→ Einsatzweg
   Überwachungsbereich
○ Ansaugrauchmelder

Brandschutzordnung gem. DIN 14096, Teil A, B und C

Brandschutzordnungen gemäß der DIN 14096 sind allgemein aufgebaut und doch individuell für Betriebe, Hotels oder Krankenhäuser.

Brandschutzordnungen stellen eine für das Verhalten im Brandfall abgestimmte Zusammenfassung von Grundregeln dar. In Gebäuden mit unterschiedlichen Nationalitäten sollten diese auch in allen Sprachen vorhanden sein.

Inhalt ist das richtige Verhalten vom Zeitpunkt der Bemerkung des Brandes, über die Alarmierung der Feuerwehr und anderer verantwortlicher Stellen, der Evakuierung von Personen, die richtige Brandbekämpfung bis hin zu Maßnahmen für den vorbeugenden Brandschutz.

Brandschutzordnungen sind wesentlicher Bestandteil des betrieblichen Sicherheitskonzeptes und sind somit in die Unternehmensstruktur und in Unternehmensprozesse mit einzugliedern. Damit sich die Brandschutz-ordnung möglichst harmonisch in den Betrieb integriert, sollte diese zwischen dem Planer und der betrieblichen Organisationsabteilung, der Technischen Abteilung sowie der zuständigen Feuerwehr individuell erstellt werden.

- **Teil A**
  richtet sich an alle Personen (Mitarbeiter und Besucher), die sich im Gebäude
  aufhalten (Aushang im Bereich von Feuerlösch- und Brandmeldeeinrichtungen).
- **Teil B**
  richtet sich an ständig im Gebäude anwesende Personen z. B. Beschäftigte
  (Aushang in Aufenthaltsräumen oder am „schwarzen Brett").
- **Teil C**
  gilt für Personen mit besonderen Brandschutzaufgaben, wie z. B. Brandschutz-
  oder Sicherheitsbeauftragte und Sicherheitsingenieure.

Explosionsschutzdokument
Ab dem 01.01.2006 ist ein Explosionsschutzdokument vom Arbeitgeber, unabhängig von der Anzahl der Beschäftigten, vor Aufnahme der Arbeit zu erstellen!
    Die rechtliche Grundlage bildet der § 6 der Betriebssicherheitsverordnung.
Wenn der Betreiber einer Anlage im Rahmen der Gefährdungsbeurteilung (§ 3
Betriebssicherheitsverordnung) ermittelt hat, dass die Entstehung einer gefährlichen explosionsfähigen Atmosphäre nicht ausgeschlossen werden kann, dann hat er
für die Erstellung eines Explosionsschutzdokumentes zu sorgen. In dem Dokument
muss nachgewiesen werden, dass die Explosionsgefährdungen ermittelt und einer
Bewertung unterzogen worden sind und dass angemessene Vorkehrungen getroffen
werden, um die Ziele des Explosionsschutzes zu erreichen.

Aus dem Explosionsschutzdokument müssen hervorgehen

- die Ermittlung der Explosionsgefährdungen und deren Bewertung
- Aufführung der Vorkehrungen, die getroffen wurden, um Explosionen zu verhindern
- Einteilung der explosionsgefährdeten Bereiche in Zonen (Ex-Zonenplan)
- Einhaltung der Mindestanforderungen nach Abschn. 4 der BetrSichV

Die Form des Explosionsschutzdokumentes ist nicht vorgeschrieben. Zum Explosionsschutzdokument können alle relevanten Dokumente hinzugefügt werden, die zur Bewertung einer Explosionsgefahr nützlich sind: Gefahrstoffkataster, Betriebsanleitungen der eingesetzten Geräte nach ATEX Produktrichtlinie 94/9/EG, Betriebsanweisungen, organisatorische Maßnahmen, Gefährdungsbeurteilungen, Alarm- und Gefahrenabwehrplan.

Auszug aus der Betriebssicherheitsverordnung:

§ 6 Explosionsschutzdokument

(1) Der Arbeitgeber hat unabhängig von der Zahl der Beschäftigten im Rahmen seiner Pflichten nach § 3 sicherzustellen, dass ein Dokument (Explosionsschutzdokument) erstellt und auf dem letzten Stand gehalten wird.

(2) Aus dem Explosionsschutzdokument muss insbesondere hervorgehen,

1. *dass die Explosionsgefährdungen ermittelt und einer Bewertung unterzogen worden sind,*

2. *dass angemessene Vorkehrungen getroffen werden, um die Ziele des Explosionsschutzes zu erreichen,*

3. *welche Bereiche entsprechend Anhang 3 in Zonen eingeteilt wurden und*

4. *für welche Bereiche die Mindestvorschriften gemäß Anhang 4 gelten.*

(3) Das Explosionsschutzdokument ist vor Aufnahme der Arbeit zu erstellen. Es ist zu überarbeiten, wenn Veränderungen, Erweiterungen oder Umgestaltungen der Arbeitsmittel oder des Arbeitsablaufes vorgenommen werden.

(4) Unbeschadet der Einzelverantwortung jedes Arbeitgebers nach dem Arbeitsschutzgesetz und den §§ 7 und 17 der Gefahrstoffverordnung koordiniert der Arbeitgeber, der die Verantwortung für die Bereitstellung und Benutzung der Arbeitsmittel trägt, die Durchführung aller für die Sicherheit und den Gesundheitsschutz der Beschäftigten betreffenden Maßnahmen und macht in seinem Explosionsschutzdokument genauere Angaben über das Ziel, die Maßnahmen und die Bedingungen der Durchführung dieser Koordinierung.

(5) Bei der Erfüllung der Verpflichtungen nach Absatz 1 können auch vorhandene Gefährdungsbeurteilungen, Dokumente oder andere gleichwertige Berichte verwendet werden, die auf Grund von Verpflichtungen nach anderen Rechtsvorschriften erstellt worden sind.

Sonderbauten 13

Die länderspezifischen Unterscheidungen im Baurecht – Baurecht ist Länderrecht – führen zu teilweise erheblichen Abweichungen bei gleichen Voraussetzungen.

Besonders fällt es bei Sonderbauten auf, wozu die nachfolgend aufgeführten Gebäude bzw. Räume gehören:

a. Hochhäuser
b. Verkaufsstätten
c. Versammlungsstätten

© Der/die Autor(en), exklusiv lizenziert durch Springer Fachmedien
Wiesbaden GmbH, ein Teil von Springer Nature 2021
A. Merschbacher, *Flucht- und Rettungswege*,
https://doi.org/10.1007/978-3-658-32845-0_13

d. Bürogebäude und Verwaltungsgebäude
e. Krankenhäuser, Altenpflegeheime, Entbindungsheime und Säuglingsheime
f. Schulen und Sportstätten
g. Bauliche Anlagen und Räume von großer Ausdehnung oder mit erhöhter Brandgefahr. Explosionsgefahr oder Verkehrsgefahr
h. Bauliche Anlagen und Räume die für gewerbliche Betriebe bestimmt sind
i. Bauliche Anlagen und Räume, deren Nutzung mit einem starken Abgang unreiner Stoffe verbunden ist
j. Fliegende Bauten
k. Zelte, soweit sie nicht fliegende Bauten sind
l. Campingplätze und Wochenendplätze

Während auf europäischer Ebene eine Harmonisierung dieser Richtlinien zu beobachten ist, ist es sinnvoll die jeweilige Muster-Verordnung heranzuziehen. Sonderbauten in ihrer jeweiligen Musterbauordnung (MBO) gelten als „bauliche Anlagen und Räume besonderer Art Nutzung"

Für diese Sonderbauten können nach § 51 (1) MBO im Einzelfall sowohl besondere Anforderungen gestellt, als auch Erleichterungen gestattet werden. In diesem Zusammenhang ist hervorzuheben, dass es in diesen Fällen eine Einhaltung einzelner Vorschriften der MBO nicht bedarf. Die Erleichterungen und Anforderungen können sich insbesondere auf folgende Punkte (z. B. § 54 Abs. 1 und 2 BauQ NW):

Mögliche Abweichungen

* Abstände von Nachbargrenzen, von anderen baulichen Anlagen auf dem Grundstück und von öffentlichen Verkehrsflächen sowie auf die Größe der freizuhaltenden Grundstücksflächen,
* Anordnung der baulichen Anlagen auf dem Grundstück,
* Öffnungen nach öffentlichen Verkehrsflächen und nach angrenzenden Grundstücken,
* Bauart und Anordnung aller für die Standsicherheit, die Verkehrssicherheit, den Brand-schutz, den Wärme-, Schallschutz oder den Gesundheitsschutz wesentlichen Bauteile,
* Brandschutzeinrichtungen und -vorkehrungen,
* Feuerungsanlagen und Heizräume,
* Anordnung und Herstellung der Aufzüge sowie der Treppen, Ausgänge und sonstigen Rettungswege,

- zulässige Zahl der nutzenden Personen, Anordnung und Zahl der zulässigen Sitz- und Stehplätze bei Versammlungsstätten, Tribünen und Fliegenden Bauten,
- Lüftung,
- Beleuchtung und Energieversorgung einschließlich der Einrichtung besonderer Haus-anschlussräume,
- Wasserversorgung und Wasserversorgungsanlagen einschließlich Ausstattung und Nachrüstung mit Einrichtungen zur Messung des Trinkwasserverbrauchs,
- Aufbewahrung und Beseitigung von Abwasser und Abfällen sowie das Sammeln, Versickern und Verwenden von Niederschlagswasser,
- Stellplätze und Garagen,
- Anlage der Zufahrten und Abfahrten,
- Anlage von Grünstreifen, Baumpflanzungen, Dachbegrünungen und anderen Pflanzungen sowie die Begrünung oder Beseitigung von Halden und Gruben,
- Baustelle mit ihren Baustelleneinrichtungen,
- Maßnahmen zur Verbesserung der Sicherheit der nutzenden Personen gegenüber Straftaten, insbesondere in Hinblick auf die Benutzung der Anlagen oder Räume durch Frauen und Kinder.

Die Anforderungen an den Brandschutz von Sonderbauten bzw. baulichen Anlagen besonderer Art und Nutzung können ferner folgende Punkte zum Gegenstand haben:

- das Verhalten von Personen in den baulichen Anlagen und Räumen,
- die Kennzeichnung von Räumen mit besonderer Brand- und Explosionsgefahr,

- die Einrichtung von Warnanlagen,
- die Schulung und den Einsatz des Betriebspersonals oder sonstiger Personen bei auftretenden Gefahren,
- die Bereitstellung einer Hausfeuerwehr,
- das Bereithalten von Feuerlöschgeräten,
- die Sicherung der Rettungswege,
- die Verhinderung von Gefahren durch bewegliche Gegenstände,
- die Überwachung bestimmter Vorgänge, die Gefahren für die öffentliche Sicherheit oder unzumutbare Belästigungen verursachen können, durch besonders geprüfte Personen oder durch Bedienstete der Polizei, des Brandschutzes oder anderer Behörden oder Stellen,
- sowie die Prüfung und die von Zeit zu Zeit wiederholende Nachprüfung von Anlagen und Einrichtungen die im öffentlichen Interesse ständig ordnungsgemäß unterhalten werden müssen.

Besondere Anforderungen und Erleichterungen, können sich aus der besonderen Art oder Nutzung der baulichen Anlagen für Errichtung, Änderung, Unterhaltung, Betrieb und Benutzung ergeben.

Flucht- und Rettungswege sind in den jeweiligen Sonderbauten mit folgendem Text spezifiziert, wobei die baulichen Voraussetzungen (z. B. 1. und 2. Fluchtweg) immer gegeben sein müssen.

Muster-Bauordnung
§ 33 Erster und zweiter Rettungsweg

1. Für Nutzungseinheiten mit mindestens einem Aufenthaltsraum wie Wohnungen, Praxen, selbstständige Betriebsstätten müssen in jedem Geschoss mindestens zwei voneinander unabhängige Rettungswege ins Freie vorhanden sein; beide Rettungswege dürfen jedoch innerhalb des Geschosses über denselben notwendigen Flur führen.

2. Für Nutzungseinheiten nach Absatz 1, die nicht zu ebener Erde liegen, muss der erste Rettungsweg über eine notwendige Treppe führen.
    Der zweite Rettungsweg kann eine weitere notwendige Treppe oder eine mit Rettungsgeräten der Feuerwehr erreichbare Stelle der Nutzungseinheit sein. Ein zweiter Rettungsweg ist nicht erforderlich, wenn die Rettung über einen sicher erreichbaren Treppenraum möglich ist, in den Feuer und Rauch nicht eindringen können (Sicherheitstreppenraum).

3. Gebäude, deren zweiter Rettungsweg über Rettungsgeräte der Feuerwehr führt und bei denen die Oberkante der Brüstung von zum Anleitern bestimmten Fenstern oder Stellen mehr als 8 m über der Geländeoberfläche liegt, dürfen nur errichtet werden, wenn die Feuerwehr über die erforderlichen Rettungsgeräte wie Hubrettungsfahrzeuge verfügt. Bei Sonderbauten ist der zweite Rettungsweg über Rettungsgeräte der Feuerwehr nur zulässig, wenn keine Bedenken wegen der Personenrettung bestehen.

Muster-Industriebau-Richtlinie (MindBauRL)
5.6 Rettungswege

5.6.1   Zu den Rettungswegen in Industriebauten gehören insbesondere die Hauptgänge in den Produktions- und Lagerräumen, die Ausgänge aus diesen Räumen, die notwendigen Flure, die notwendigen Treppen und die Ausgänge ins Freie.

5.6.2   Für Industriebauten mit einer Grundfläche von mehr als 1600 m² müssen in jedem Geschoss mindestens zwei möglichst entgegengesetzt liegende bauliche Rettungswege vorhanden sein. Dies gilt für Ebenen oder Einbauten mit einer Grundfläche von jeweils mehr als 200 m² entsprechend. Für tiefer liegende Bereiche unter der Geländeoberfläche gem. 5.4.2 Satz 2 reichen notwendige Treppen ohne notwendigen Treppenraum zu den übrigen Bereichen des Geschosses. Im Übrigen gelten für diese Bereiche die Regelungen für die Rettungswege von Einbauten entsprechend.

Kellergeschosse mit einer Grundfläche von mehr als 200 m^2 müssen in Industriebauten nach Tabelle 2, Spalte 2 und Tabelle 7 jeweils zwei bauliche Rettungswege haben. Jeder Raum mit einer Grundfläche von mehr als 200 m^2 muss mindestens zwei Ausgänge haben.

5.6.3   Einer der Rettungswege nach 5.6.2 Satz 1 darf zu anderen Brandabschnitten oder zu anderen Brandbekämpfungsabschnitten oder über eine Außentreppe, über offene Gänge und/oder über begehbare Dächer auf das Grundstück führen, wenn diese im Brandfall ausreichend lang standsicher sind und die Benutzer durch Feuer und Rauch nicht gefährdet werden können. Bei Ebenen darf der zweite Rettungsweg auch über eine notwendige Treppe ohne notwendigen Treppenraum in eine unmittelbar darunterliegende Ebene oder ein unmittelbar darunterliegendes Geschoss führen, sofern diese Ebene oder dieses Geschoss Ausgänge in mindestens zwei sichere Bereiche hat. Die Rettungswege aus im Produktions- oder Lagerraum eingestellten Räumen dürfen über den gleichen Produktions- oder Lagerraum führen. In diesem Fall sind die Räume oder Raumgruppen mit Aufenthaltsräumen offen auszuführen. Alternativ können sie durch Wände mit ausreichender Sichtverbindung abgetrennt werden. Bei geschlossenen Räumen mit mehr als 20 m^2 Grundfläche ist zusätzlich sicherzustellen, dass die dort anwesenden Personen im Brandfall rechtzeitig in geeigneter Weise gewarnt werden.

5.6.4   Von jeder Stelle eines Produktions- oder Lagerraumes soll mindestens ein Hauptgang nach höchstens 15 m Lauflänge erreichbar sein. Hauptgänge müssen mindestens 2 m breit sein; sie sollen geradlinig auf kurzem Wege zu Ausgängen ins Freie, zu notwendigen Treppenräumen, zu Außentreppen, zu Treppen von Ebenen und Einbauten, zu offenen Gängen, über begehbare Dächer auf das Grundstück, zu anderen Brandabschnitten oder zu anderen Brandbekämpfungsabschnitten führen. Diese anderen Brandabschnitte oder Brandbekämpfungsabschnitte müssen Ausgänge unmittelbar ins Freie oder zu notwendigen Treppenräumen mit einem sicheren Ausgang ins Freie haben.

5.6.5   Von jeder Stelle eines oberirdischen Produktions- oder Lagerraumes muss mindestens ein Ausgang ins Freie, ein Zugang zu einem notwendigen Treppenraum, zu einer Außentreppe, zu einem offenen Gang oder zu einem begehbaren Dach, ein anderer Brandabschnitt oder ein anderer Brandbekämpfungsabschnitt

– bei einer mittleren lichten Höhe von bis zu 5 m in höchstens 35 m Entfernung,
– bei einer mittleren lichten Höhe von mindestens 10 m in höchstens 50 m Entfernung erreichbar sein.

Bei Vorhandensein einer Alarmierungseinrichtung für die Nutzer (Internalarm) ist es zulässig, dass der Ausgang nach Satz 1
– bei einer mittleren lichten Höhe von bis zu 5 m in höchstens 50 m Entfernung,
– bei einer mittleren lichten Höhe von mindestens 10 m in höchstens 70 m Entfernung erreicht wird.
– Bei mittleren lichten Höhen zwischen 5 m und 10 m darf zur Ermittlung der zulässigen Entfernung zwischen den vorstehenden Werten interpoliert werden. Die Auslösung von Alarmierungseinrichtungen muss erfolgen bei Auslösen
– einer automatischen Brandmeldeanlage oder

– einer selbsttätigen Feuerlöschanlage.

Bei der selbsttätigen Feuerlöschanlage ist zusätzlich eine Handauslösung der Alarmierungseinrichtungen vorzusehen. Liegt ein Ausgang
ins Freie unter einem Vordach, beginnt das Freie erst am Rande des
Vordachs. Unter mindestens zweiseitig offenen Vordächern ist eine
zusätzliche Entfernung in der Tiefe des Vordachs, jedoch maximal
15 m, zulässig. Dies gilt nicht, wenn der Bereich unter dem Vordach
einen eigenen Brandabschnitt oder Brandbekämpfungsabschnitt bildet.

5.6.6   Kontroll- und Wartungsgänge, die nur gelegentlich begangen werden
und aus nicht brennbaren Baustoffen bestehen, dürfen über Steigleitern
erschlossen werden. Die Steigleiter muss in einer Entfernung von maximal 100 m, bei nur einer Fluchtrichtung in maximal 50 m, erreicht werden
können.

5.6.7   Die mittlere lichte Höhe einer Ebene ergibt sich als nach Flächenantei-
len gewichtetes Mittel der lichten Höhe bis zur nächsten Decke oder dem
Dach. Bei der Ermittlung der mittleren lichten Höhe nach Abschnitt 5.6.5
bleiben Einbauten sowie Ebenen mit einer maximalen Grundfläche nach
Tabelle 1 unberücksichtigt. Für Einbauten sowie Ebenen mit einer maximalen Grundfläche nach Tabelle 1 ist die mittlere lichte Höhe die der Ebene
oder des Geschosses, über deren/dessen Fußboden sie angeordnet sind.

5.6.8   Die Entfernung nach Abschnitt 5.6.5 wird in der Luftlinie, jedoch nicht durch Bauteile gemessen. Die tatsächliche Lauflänge darf jedoch nicht mehr als das 1,5-fache der jeweiligen Entfernung betragen. Liegt eine Stelle des Produktions- oder Lagerraumes nicht auf der Höhe des Ausgangs oder Zugangs nach 5.6.5, so ist von der zulässigen Lauflänge das Doppelte der Höhendifferenz abzuziehen. Bei der Ermittlung der Entfernung nach 5.6.5 bleibt diese Höhendifferenz unberücksichtigt.

5.6.9   Bei Einbauten und Ebenen mit einer maximalen Grundfläche nach Tabelle 1 dürfen die Rettungswege über notwendige Treppen ohne notwendigen Treppenraum geführt werden, wenn sie in eine unmittelbar darunterliegende Ebene oder ein unmittelbar darunterliegendes Geschoss führen, sofern diese Ebene oder dieses Geschoss Ausgänge in mindestens zwei sichere Bereiche hat und ein Ausgang in Entfernung nach 5.6.5 erreicht wird. Die Lauflänge auf dem Einbau oder der Ebene bis zu einer Treppe darf in diesen Fällen höchstens

- bei Brandbelastung in Brandbekämpfungsabschnitten <15 kWh/m^2 50 m
- bei Vorhandensein einer Alarmierungseinrichtung für die Nutzer, deren Auslösung über eine automatische Brandmeldeanlage oder eine selbsttätige Feuerlöschanlage mit zusätzlicher Handauslösung der Alarmierungseinrichtung, 35 m
- im Übrigen 25m betragen.

5.6.10   Notwendige Treppen müssen aus nichtbrennbaren Baustoffen bestehen. Wände notwendiger Treppenräume müssen den Anforderungen nach § 35 MBO für die Gebäudeklasse5 entsprechen.

Muster-Hochhaus-Richtlinie (MHHR)
4 Rettungswege

4.1 Führung von Rettungswegen

4.1.1   Für Nutzungseinheiten und für Geschosse ohne Aufenthaltsräume müssen in jedem Geschoss mindestens zwei voneinander unabhängige bauliche Rettungswege ins Freie vorhanden sein, die zu öffentlichen Verkehrsflächen führen. Beide Rettungswege dürfen innerhalb des Geschosses über denselben notwendigen Flur führen. Die Rettungswege aus den oberirdischen Geschossen und den Kellergeschossen sind getrennt ins Freie zu führen.

4.1.2   Die lichte Breite eines jeden Teils von Rettungswegen muss mindestens
         1,20 m betragen. Die lichte Breite der Türen aus Nutzungseinheiten auf
         notwendige Flure muss mindestens 0,90 m betragen.
4.1.3   Rettungswege müssen durch Sicherheitszeichen dauerhaft und gut sichtbar
         gekennzeichnet sein.

4.2 Notwendige Treppenräume, Sicherheitstreppenräume

4.2.1   In Hochhäusern mit nicht mehr als 60 m Höhe genügt an Stelle von zwei
         notwendigen Treppenräumen ein Sicherheitstreppenraum.
4.2.2   In Hochhäusern mit mehr als 60 m Höhe müssen alle notwendigen
         Treppenräume als Sicherheitstreppenräume ausgebildet sein.
4.2.3   Innenliegende notwendige Treppenräume von oberirdischen Geschossen
         und notwendige Treppenräume von Kellergeschossen mit Aufenthaltsräu-
         men müssen als Sicherheitstreppenraum ausgebildet sein.
4.2.4   Notwendige Treppenräume von Kellergeschossen dürfen mit den Treppen-
         räumen oberirdischer Geschosse nicht in Verbindung stehen. Innenliegende
         Sicherheits-treppenräume dürfen durchgehend sein. Nummer 4.1.1 Satz 3
         bleibt unberührt.

4.2.5 Sofern der Ausgang eines notwendigen Treppenraumes nicht unmittelbar ins Freie führt, muss der Raum zwischen dem notwendigen Treppenraum und dem Ausgang ins Freie

1. ohne Öffnungen zu anderen Räumen sein,
2. Wände haben, die die Anforderungen an die Wände des Treppenraumes erfüllen.

4.2.6 Öffnungen in den Wänden notwendiger Treppenräume, die keine Sicherheitstreppenräume sind, sind zulässig

1. zu notwendigen Fluren,
2. ins Freie,
3. zu Räumen nach Nummer 4.2.5.

4.2.7 Vor den Türen außenliegender Sicherheitstreppenräume müssen offene Gänge im freien Luftstrom so angeordnet sein, dass Rauch ungehindert ins Freie abziehen kann. Öffnungen in den Wänden der Sicherheitstreppenräume sind zulässig

1. zu offenen Gängen,
2. ins Freie.

Zur Belichtung der Sicherheitstreppenräume sind nur feste Verglasungen zulässig. Der Abstand von der Tür zum Sicherheitstreppenraum zu anderen Türen muss mindestens 3 m betragen.

4.2.8 Vor den Türen innenliegender Sicherheitstreppenräume müssen Vorräume angeordnet sein, in die Feuer und Rauch nicht eindringen kann. Öffnungen in den Wänden dieser Vorräume sind zulässig

1. zum Sicherheitstreppenraum,
2. zu notwendigen Fluren.

Der Abstand von der Tür zum Sicherheitstreppenraum zu anderen Türen muss mindestens 3 m betragen.

4.2.9   Vor den Türen notwendiger Treppenräume der Kellergeschosse müssen Vorräume angeordnet sein. Vor den Vorräumen müssen notwendige Flure angeordnet sein. Öffnungen in den Wänden dieser Vorräume sind zulässig

1. zum notwendigen Treppenraum,
2. zu notwendigen Fluren.

Der Abstand von der Tür zum notwendigen Treppenraum zu anderen Türen muss mindestens 3 m betragen.

4.3 Notwendige Flure

4.3.1   Ausgänge von Nutzungseinheiten müssen auf notwendige Flure oder ins Freie führen.

4.3.2   Von jeder Stelle eines Aufenthaltsraumes sowie eines Kellergeschosses muss mindestens ein Ausgang in einen notwendigen Treppenraum, einen Vorraum eines Sicherheitstreppenraumes oder ins Freie in höchstens 35 m Entfernung erreichbar sein.

4.3.3   Notwendige Flure mit nur einer Fluchtrichtung dürfen nicht länger als 15 m sein. Sie müssen zum Vorraum eines Sicherheitstreppenraums, zu einem notwendigen Flur mit zwei Fluchtrichtungen oder zu einem offenen Gang führen. Die Flure nach Satz 1 sind durch nichtabschließbare, rauchdichte und selbstschließende Abschlüsse von anderen notwendigen Fluren abzutrennen.

4.3.4   Innerhalb von Nutzungseinheiten mit nicht mehr als 400 m² Grundfläche, deren Nutzung hinsichtlich der Brandgefahren mit einer Büro- oder Verwaltungsnutzung vergleichbar ist, sind notwendige Flure nicht erforderlich.

4.3.5   In Nutzungseinheiten, die einer Büro- oder Verwaltungsnutzung dienen oder hinsichtlich der Brandgefahren mit einer Büro- oder Verwaltungsnutzung vergleichbar sind, müssen Räume mit mehr als 400 m² Grundfläche

1. gekennzeichnete Gänge mit einer Breite von mindestens 1,20 m haben, die auf möglichst geradem Weg zu entgegengesetzt liegenden Ausgängen zu notwendigen Fluren führen und

2. Sichtverbindungen innerhalb der Räume zum nächstliegenden Ausgang haben, die nicht durch Raumteiler oder Einrichtungen beeinträchtigt wird.

4.3.6   In notwendigen Fluren sind Empfangsbereiche unzulässig. Sie sind zulässig, wenn

1. die Rettungswegbreite nicht eingeschränkt wird,

2. der Ausbreitung von Rauch in den notwendigen Flur vorgebeugt wird und

3. der notwendige Flur zwei Fluchtrichtungen hat.

4.4 Türen in Rettungswegen

4.4.1   Türen von Vorräumen, notwendigen Treppenräumen, Sicherheitstreppenräumen und von Ausgängen ins Freie müssen in Fluchtrichtung aufschlagen. Die Türen der Rettungswege müssen jederzeit von innen leicht und in voller Breite geöffnet werden können.

4.4.2   Schiebetüren sind im Zuge von Rettungswegen unzulässig. Dies gilt nicht für automatische Schiebetüren, die die Rettungswege nicht beeinträchtigen. Pendeltüren in Rettungswegen müssen Vorrichtungen haben, die ein Durchpendeln der Türen verhindern.

4.4.3   Türen, die selbstschließend sein müssen, dürfen offengehalten werden,
         wenn sie Einrichtungen haben, die bei Raucheinwirkung ein selbsttäti-
         ges Schließen der Türen bewirken; sie müssen auch von Hand geschlossen
         werden können.

4.4.4   Mechanische Vorrichtungen zur Vereinzelung oder Zählung von Besuchern,
         wie Drehtüren oder -kreuze, sind in Rettungswegen unzulässig. Dies gilt
         nicht für mechanische Vorrichtungen, die im Gefahrenfall von innen leicht
         und in voller Breite geöffnet werden können

Muster-Verkaufsstättenverordnung (MVKVO)
Rettungswege in Verkaufsstätten

1. Für jeden Verkaufsraum, Aufenthaltsraum und für jede Ladenstraße müssen in
   demselben Geschoß mindestens zwei voneinander unabhängige Rettungswege
   zu Ausgängen ins Freie oder zu Treppenräumen notwendiger Treppen vorhanden
   sein.
   Anstelle eines dieser Rettungswege darf ein Rettungsweg über Außentreppen
   ohne Treppenräume, Rettungsbalkone, Terrassen und begehbare Dächer auf
   das Grundstück führen, wenn hinsichtlich des Brandschutzes keine Bedenken
   bestehen; dieser Rettungsweg gilt als Ausgang ins Freie.

2. Von jeder Stelle
   1. eines Verkaufsraums in höchstens 25 m Entfernung,
   2. eines sonstigen Raums oder einer Ladenstraße in höchstens 35 m Entfernung
      muss mindestens ein Ausgang ins Freie oder ein Treppenraum notwendiger
      Treppen erreichbar sein (erster Rettungsweg).
3. Der erste Rettungsweg darf, soweit er über eine Ladenstraße führt, auf der
   Ladenstraße eine zusätzliche Länge von höchstens 35 m haben, wenn

4. 1. der nach Absatz 1 erforderliche zweite Rettungsweg für Verkaufsräume nicht über diese Ladenstraße führt oder

2. der Verkaufsraum eine Fläche von insgesamt nicht mehr als 100 m^2 und eine Raumtiefe von höchstens 10 m hat, großflächige Sichtbeziehungen zur Ladenstraße bestehen und die Ladenstraße in diesem Bereich über zwei entgegengesetzte Fluchtrichtungen ins Freie verfügt.

5. In Verkaufsstätten mit Sprinkleranlagen oder in erdgeschossigen Verkaufsstätten darf der Rettungsweg nach den Absatz 2 und 3 innerhalb von Brandabschnitten eine zusätzliche Länge von höchstens 35 m haben, soweit er über einen notwendigen Flur für Kunden mit einem unmittelbaren Ausgang ins Freie oder in einen Treppenraum notwendiger Treppen führt.

6. Von jeder Stelle eines Verkaufsraums muss ein Hauptgang oder eine Ladenstraße in höchstens 10 m Entfernung erreichbar sein.

7. In Rettungswegen ist nur eine Folge von mindestens drei Stufen zulässig. Die Stufen müssen eine Stufenbeleuchtung haben.

8. An Kreuzungen der Ladenstraßen und der Hauptgänge sowie an Türen im Zuge von Rettungswegen ist deutlich und dauerhaft auf die Ausgänge durch Sicherheitszeichen hinzuweisen. Die Sicherheitszeichen müssen beleuchtet sein.

9. Die Entfernungen nach den Absätzen 2 bis 5 sind in der Luftlinie, jedoch nicht durch Bauteile zu messen. Die Länge der Lauflinie darf in Verkaufsräumen 35 m nicht überschreiten.

Muster-Versammlungsstättenverordnung (MVStättVO)
Führung der Rettungswege

1. Rettungswege müssen ins Freie zu öffentlichen Verkehrsflächen führen. Zu den Rettungswegen von Versammlungsstätten gehören insbesondere die frei zu haltenden Gänge und Stufengänge, die Ausgänge aus Versammlungsräumen, die notwendigen Flure und notwendigen Treppen, die Ausgänge ins Freie, die als Rettungsweg dienenden Balkone, Dachterrassen und Außentreppen sowie die Rettungswege im Freien auf dem Grundstück.

2. Versammlungsstätten müssen in jedem Geschoss mit Aufenthaltsräumen mindestens zwei voneinander unabhängige bauliche Rettungswege haben; dies gilt
   für Tribünen entsprechend. Die Führung beider Rettungswege innerhalb eines
   Geschosses durch einen gemeinsamen notwendigen Flur ist zulässig. Rettungswege dürfen über Balkone, Dachterrassen und Außentreppen auf das Grundstück
   führen, wenn sie im Brandfall sicher begehbar sind.
3. Rettungswege dürfen über Gänge und Treppen durch Foyers oder Hallen zu
   Ausgängen ins Freie geführt werden, soweit mindestens ein weiterer von dem
   Foyer oder der Halle unabhängiger baulicher Rettungsweg vorhanden ist. Foyers
   oder Hallen dürfen nicht als Raum zwischen notwendigen Treppenräumen und
   Ausgängen ins Freie im Sinn des § 35 Abs. 3 Satz 2 MBO dienen
4. Versammlungsstätten müssen für Geschosse mit jeweils mehr als 800 Besucherplätzen nur diesen Geschossen zugeordnete Rettungswege haben.
5. Versammlungsräume und sonstige Aufenthaltsräume, die für mehr als 100 Besucher bestimmt sind oder mehr als 100 m^2 Grundfläche haben, müssen jeweils
   mindestens zwei möglichst weit auseinander und entgegengesetzt liegende Ausgänge ins Freie oder zu Rettungswegen haben. Die nach § 7 Abs. 4 Satz 1
   ermittelte Breite ist möglichst gleichmäßig auf die Ausgänge zu verteilen; die
   Mindestbreiten nach § 7 Abs. 4 Satz 3 und 4 bleiben unberührt.
6. Ausgänge und sonstige Rettungswege müssen durch Sicherheitszeichen dauerhaft und gut sichtbar gekennzeichnet sein.

Bemessung der Rettungswege

1. Die Entfernung von jedem Besucherplatz bis zum nächsten Ausgang aus dem Versammlungsraum oder darf nicht länger als 30 m sein. Bei mehr als 5 m lichter Höhe ist je 2,5 m zusätzlicher lichter Höhe über der für Besucher zugänglichen Ebene für diesen Bereich eine Verlängerung der Entfernung um 5 m zulässig. Die Entfernung von 60 m bis zum nächsten Ausgang darf nicht überschritten werden. Die Sätze 1 bis 3 gelten für Tribünen außerhalb von Versammlungsräumen sinngemäß.

2. Die Entfernung von jeder Stelle einer Bühne bis zum nächsten Ausgang darf nicht länger als 30 m sein. Gänge zwischen den Wänden der Bühne und dem Rundhorizont oder den Dekorationen müssen eine lichte Breite von 1,20 m haben; in Großbühnen müssen diese Gänge vorhanden sein.

3. Die Entfernung von jeder Stelle eines notwendigen Flures oder eines Foyers bis zum Ausgang ins Freie oder zu einem notwendigen Treppenraum darf nicht länger als 30 m sein.

4. Die Breite der Rettungswege ist nach der größtmöglichen Personenzahl zu bemessen. Dabei muss die lichte Breite eines jeden Teils von Rettungswegen für die darauf angewiesenen Personen mindestens betragen bei
1. Versammlungsstätten im 1,20 m je 600 Personen, Freien sowie Sportstadien
2. anderen Versammlungsstätten 1,20 m je 200 Personen;
Zwischenwerte sind zulässig. Die lichte Mindestbreite eines jeden Teils von Rettungswegen muss 1,20 m betragen. Bei Rettungswegen von Versammlungsräumen mit nicht mehr als 200 Besucherplätzen und bei Rettungswegen im Bühnenhaus genügt eine lichte Breite von 0,90 m. Für Rettungswege von Arbeitsgalerien genügt eine Breite von 0,80 m.

5. Ausstellungshallen müssen durch Gänge so unterteilt sein, dass die Tiefe der zur Aufstellung von Ausstellungsständen bestimmten Grundflächen (Ausstellungsflächen) nicht mehr als 30 m beträgt. Die Entfernung von jeder Stelle auf einer Ausstellungsfläche bis zu einem Gang darf nicht mehr als 20 m betragen; sie wird auf die nach Absatz 1 bemessene Entfernung nicht angerechnet. Die Gänge müssen auf möglichst geradem Weg zu entgegengesetzt liegenden Ausgängen führen. Die lichte Breite der Gänge und der zugehörigen Ausgänge muss mindestens 3 m betragen.

6. Die Entfernungen werden in der Lauflinie gemessen.

Muster-Schulbau-Richtlinie (MSchulbauR)
Rettungswege

3.1   *Allgemeine Anforderungen*
Für jeden Unterrichtsraum müssen in demselben Geschoss mindestens zwei
voneinander unabhängige Rettungswege zu Ausgängen ins Freie oder zu
notwendigen Treppenräumen vorhanden sein. Anstelle eines dieser Rettungswege darf ein Rettungsweg über Außentreppen ohne Treppenräume,
Rettungsbalkone, Terrassen und begehbare Dächer auf das Grundstück führen, wenn dieser Rettungsweg im Brandfall nicht gefährdet ist; dieser
Rettungsweg gilt als Ausgang ins Freie.

3.2   *Rettungswege durch Hallen*
Einer der beiden Rettungswege nach Nummer 3.1 darf durch eine Halle
führen; diese Halle darf nicht als Raum zwischen einem notwendigen
Treppenraum und dem Ausgang ins Freie dienen.

3.3   *Notwendige Flure*
Notwendige Flure mit nur einer Fluchtrichtung (Stichflure) dürfen nicht
länger als 10 m sein.

3.4   *Breite der Rettungswege, Sicherheitszeichen*
Die nutzbare Breite der Ausgänge von Unterrichtsräumen und sonstigen Aufenthaltsräumen sowie der notwendigen Flure und notwendigen Treppen muss

mindestens 1,20 m je 200 darauf angewiesener Benutzer betragen. Staffelungen sind nur in Schritten von 0,60 m zulässig. Es muss jedoch mindestens folgende nutzbare Breite vorhanden sein bei

a. Ausgängen von Unterrichtsräumen und sonstigen Aufenthaltsräumen 0,90 m
b. notwendigen Fluren 1,50 m
c. notwendigen Treppen 1,20 m.

Die erforderliche nutzbare Breite der notwendigen Flure und notwendigen Treppen darf durch offenstehende Türen, Einbauten oder Einrichtungen nicht eingeengt werden. Ausgänge zu notwendigen Fluren dürfen nicht breiter sein als der notwendige Flur. Ausgänge zu notwendigen Treppenräumen dürfen nicht breiter sein als die notwendige Treppe. Ausgänge aus notwendigen Treppenräumen müssen mindestens so breit sein wie die notwendige Treppe. An den Ausgängen zu notwendigen Treppenräumen oder ins Freie müssen Sicherheitszeichen angebracht sein.

Muster-Wohnformen-Richtlinie (MWR)
Rettungswege
Für Nutzungseinheiten nach § 2 Absatz 4 Nr. 9 MBO ist ein baulicher Rettungsweg ausreichend, wenn keine Bedenken wegen der Personenrettung bestehen (§ 33 Absatz 3 Satz 2 MBO). Dies ist bei Nutzungseinheiten nach § 2 Absatz 4 Nr. 9 Buchstabe a MBO gegeben, wenn die baulichen Voraussetzungen nach Nr. 2.2 erfüllt sind; werden dabei Bereiche nach Nr. 2.2.1 ausgebildet, müssen die Rettungswege nach § 33 Abs. 1 MBO von jedem Bereich unmittelbar erreichbar sein. In Nutzungseinheiten nach § 2 Absatz 4 Nr. 9 Buchstabe b MBO mit mehr als sechs Personen ist ein zweiter baulicher Rettungsweg erforderlich. In den Fällen nach § 2 Absatz 4 Nr. 9 Buchstabe c MBO bestehen bis zu 24 Personen in der Regel keine Bedenken wegen der Personenrettung insbesondere bei Nutzungseinheiten, die

a. so angeordnet sind, dass eine Brandausbreitung zwischen diesen Nutzungseinheiten für die Personenrettung ausreichend lang verhindert wird, oder
b. an einem Treppenraum liegen, der durch zusätzliche bauliche Maßnahmen
   (z. B. feuerhemmende und rauchdichte Abschlüsse) oder technische Anlagen mit Funktionserhalt so ertüchtigt ist, dass eine Personenrettung über den
   Treppenraum ausreichend lang ermöglicht wird.

Sicherheitstreppenraum
Die dritte Alternative für Rettungswege ist der Sicherheitstreppenraum, der immer
dann erforderlich ist, wenn der zweite Rettungsweg nicht über eine zweite not-
wendige Treppe oder über Rettungsgeräte der Feuerwehr sichergestellt wird.
Durch diesen Treppenraum führt dann die einzige Verbindung zwischen den
Obergeschossen und den öffentlichen Verkehrsflächen.

Aus diesem Grund werden weitreichende Anforderungen an ihn gestellt, damit
im Brandfall Feuer und Rauch nicht in ihn eindringen können.

Die Unterscheidung erfolgt nach:

- Außenliegender Sicherheitstreppenraum mit offenem Gang, und
- Innenliegender Sicherheitstreppenraum mit Lüftungssystem und Sicherheitsschleuse und

• Innenliegender Sicherheitstreppenraum an einem Schacht mit natürlicher Lüftung (Firetower).

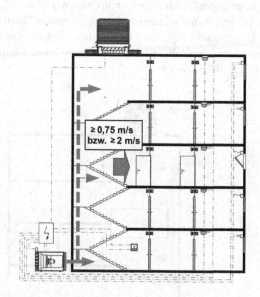

Der Raucheintritt beim Firetower soll dadurch verhindert werden, dass der Treppenraum nur über einen Gang zu erreichen ist, der einseitig offen an einem Schacht angeordnet ist. Der Rauch, der möglicherweise beim Öffnen der Tür zum offenen Gang eindringen kann, wird durch den natürlichen Luftzug im Schacht verdünnt und abgeführt und kann so nicht in den Treppenraum eindringen. Der offene Gang muss mindestens 3 m lang sein und sowohl gegen den Flur als auch gegen den Treppenraum mit feuerbeständigen und selbstschließenden Türen abgetrennt sein.

Die Grundfläche des Schachtes muss mindestens 5 m × 5 m betragen, der Querschnitt darf durch die offenen Gänge auf höchstens 15 m² eingeengt werden. An der Unterseite des Schachtes muss sich eine Zuluftöffnung befinden, deren Größe aus strömungstechnischen Gründen von dem Verhältnis der Höhe des Schachtes zu seiner kürzesten Seite abhängt. Die notwendige Öffnung liegt zwischen 2 % und 10 % der Schachtgrundfläche.

Der Ausgang des Treppenraumes darf nicht in diese Zuluftöffnung münden. Der Firetower ist nur in Bayern und Schleswig–Holstein eingeführt.

Beim innenliegenden Sicherheitstreppenraum mit Lüftungssystem und Sicherheitsschleusen wird die Rauchfreihaltung überwiegend mit technischen Mitteln verwirklicht. Der dazu notwendige technische Aufwand ist sehr hoch, da der Eintritt von Feuer und Rauch sicher ausgeschlossen werden muss. Das wesentliche Merkmal des innenliegenden Sicherheitstreppenraumes ist die vorgelagerte Sicherheitsschleuse, die jeweils mit mindestens feuerhemmenden Türen (T 30) gegen den Flur und den Treppenraum abgetrennt ist. Für diese Sicherheitsschleuse muss eine Lüftungsanlage vorhanden sein, die in der Schleuse einen Überdruck gegenüber dem anschließenden Flur erzeugt.

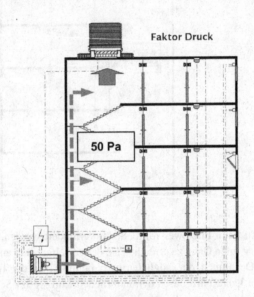

Der hierfür in der Schleuse zu erzeugende Überdruck richtet sich nach der Art, wie die Rauchgase aus dem Brandraum ins Freie abgeführt werden. Er kann beispielsweise verringert werden, wenn der Rauch aus einem fensterlosen Raum mittels Unterdruck abgesaugt wird; als Maximalwert sind 50 Pa zulässig, damit die Türen noch ohne große Anstrengung geöffnet werden können. Weiterhin muss im Treppenraum selber eine Lüftungsanlage vorhanden sein, die bei geöffneten Schleusentüren einen Frischluftvolumenstrom in die Schleuse einströmen lässt. Auch hier darf sich bei geschlossenen Türen kein höherer Druck als 50 Pa ausbilden. Die Lüftungsanlagen müssen durch Rauchmelder in jedem Geschoss selbsttätig in Betrieb gesetzt werden. Zusätzlich muss ein manuelles Einschalten vom Erdgeschoss aus möglich sein. Die Funktions- und Leistungsfähigkeit des Druckbelüftungssystems ist durch ein Sachverständigengutachten nachzuweisen. Die Lüftungsanlagen sind an eine Ersatzstromanlage anzuschließen.

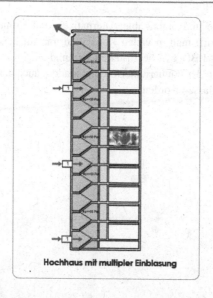

Hochhaus mit multipler Einblasung

Beim außenliegenden Sicherheitstreppenraum mit offenem Gang wird die Rauchfreihaltung dadurch sichergestellt, dass der Zugang zum Treppenraum nur über einen offenen Gang erreichbar ist. Dieser offene Gang muss im freien Windstrom so angeordnet werden, dass auftretender Rauch vom Wind schnell abgeführt wird und damit nicht in den Treppenraum gelangen kann. Aus diesem Grund darf der Gang an seinen offenen Seiten nur durch eine 1,10 m hohe Brüstung und durch einen maximal 20 cm unter der Decke endenden Sturz eingeschränkt sein. Dieser Sturz muss außerdem mindestens 30 cm oberhalb der Oberkante der Tür zum Sicherheitstreppenraum liegen, damit sich kein Rauch in diesem Bereich fangen kann.

Der offene Gang ist zum Flur und zum Sicherheitstreppenraum nach der Hochhausrichtlinie mit mindestens rauchdichten und selbstschließenden Türen abzutrennen. Diese Türen müssen bei dreiseitig offenen Gängen mindestens 1,50 m, bei weniger als dreiseitig offenen Gängen mindestens 3 m auseinanderliegen. Die Wände des Treppenraumes selbst dürfen nur Öffnungen zu den offenen Gängen und ins Freie haben. Weitere Öffnungen, z. B. zu weiterführenden Treppen, zu Kellergeschossen und zu Aufzugs-, Installations- und Abfallschächten, sind unzulässig. Die Fenster des Treppenraumes dürfen sich nicht öffnen lassen. Die notwendigen Rauchabzugsvorrichtungen dürfen zum gelegentlichen Durchlüften benutzt werden.

Es geht bei Flucht- und Rettungswegen um die Rettung von Menschenleben. Dennoch bleibt es für jedes Brandschutzkonzept eine Herausforderung an den

Fachplaner, effektive und praktikable Alternativen und Kompensationslösungen zu suchen. Leider trifft man in vielen Konzepten nur auf banale Hinweise, dass „Rettungswege gem. LBO § … herzustellen sind und ….".

Damit ist nicht nur der Bauherr überfordert, sondern auch der Entwurfsverfasser (Architekt) allein gelassen worden.

Begriffe und ihre Bedeutung 14

Im Umgang zwischen Feuerwehrleuten, Architekten, Versicherungen oder Behörden hat man sich auf die Bedeutung von Begriffen verständigt, damit es keine Fehlinterpretationen gibt und jede/jeder das gleiche meint.

Die folgende Beschreibung ist sehr oberflächlich und wird erst in den jeweiligen Kapiteln spezifiziert und detailliert bearbeitet.

1. **Erster Flucht- und Rettungsweg**
   Der erste Flucht- und Rettungsweg muss immer baulich sein, also eine ständig vorhandene feste bauliche Einrichtung, die ohne fremde Hilfe jederzeit begangen werden kann. Er muss in der Regel auf eine öffentliche Verkehrsfläche führen.
2. **Zweiter Flucht- und Rettungsweg**
   Der zweite bauaufsichtliche Rettungsweg kann entweder ebenfalls als baulicher Rettungsweg erforderlich sein (z. B. bei Sonderbauten) oder über Rettungsgeräte der Feuerwehr (Leitern, Hubrettungsfahrzeuge) führen. Ein zweiter bauaufsichtlicher Rettungsweg ist nicht erforderlich, wenn die Rettung von Menschen und Tieren über einen sicher erreichbaren Treppenraum möglich ist, in den Feuer und Rauch nicht eindringen können (Sicherheitstreppenraum).

Brandabschnitt

Im Baurecht wird die Unterteilung bestimmter Gebäude in Brandabschnitte verlangt, um den Übertritt von Feuer und Rauch auf benachbarte Gebäude oder Gebäudeteile wirksam zu verhindern. Brandabschnitte müssen durch Brandwände nach bauaufsichtlichem Regelwerk im Abstand von höchstens 40,00 m (Rheinland Pfalz 60,00 m) begrenzt sein. Ein Brandabschnitt ist der Bereich eines Gebäudes zwischen

© Der/die Autor(en), exklusiv lizenziert durch Springer Fachmedien Wiesbaden GmbH, ein Teil von Springer Nature 2021
A. Merschbacher, *Flucht- und Rettungswege*,
https://doi.org/10.1007/978-3-658-32845-0_14

seinen Außenwänden und/oder den Wänden bzw. Decken, die als Brandwände über alle Geschosse ausgebildet sind.

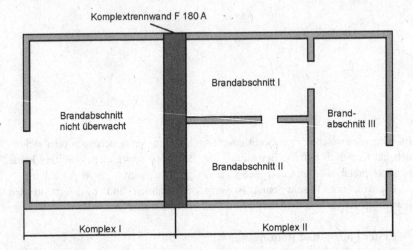

Brandmauer

Eine Brandwand ist ein Bauteil, das Räume von Gebäuden oder Gebäudeteilen ausreichend lange standhält/widerstehen kann, sodass sich ein Brand (Feuer und Rauch) darüber nicht auf andere Gebäude oder Gebäudeteile ausbreiten kann. Eine gängige alternative Bezeichnung für eine Brandwand ist Brandmauer, weniger geläufig sind die Bezeichnungen Brandschutzwand und Feuermauer.

Die Aufgabe der Brandwand ist der Schutz, indem sie ausreichend lange verhindert, dass der Brand sich auf andere Gebäudeteile oder Gebäude ausbreitet, schützt sie eben diese Räumlichkeiten vor Feuer, Rauch und Hitze. Schutz gewährt die Brandwand damit auch den Nutzern der Räume in den Gebäuden.

Entrauchen mit Lüfter der Feuerwehr (LRWA)

Einblasöffnungen sind Öffnungen, durch welche die Feuerwehr, mittels ihrer mobilen Lüftungsapparate, Luft in den Raum geströmt werden kann. Beispielsweise direkt durch eine Türöffnung oder indirekt durch ein Treppenhaus bzw. einen Korridor. Mit dieser Luftströmung kann der Rauch erfolgreich durch die Fenster oder andere Öffnungen verschwinden.

Der Aufstellungsplatz für mobile Lüftungsapparate muss so groß sein, dass mit dem Luftkegel des Lüfters, die ganze Fläche einer Öffnung abgedeckt werden kann.

Der Lüfter sollte dazu mindestens drei bis vier Meter Entfernung von der Einblas-
öffnung haben. Die relevanten Aufstellungsorte für die mobilen Lüfter, sind in der
Konzeptentwicklung vorher mit der Feuerwehr abzustimmen.

Evakuierung
Evakuierungen sind im Brandfall notwendig, aber auch bei vielen anderen Gefährdungen, z. B. bei einer Bombendrohung, einem Gasunfall, einer Bombenentschär-
fung, Naturgewalten oder bei Bränden in der Nachbarschaft. Es können interne, aber
auch externe Ereignisse eintreten, die eine Evakuierung erfordern. Selbst eine eigene
perfekte Sicherheitsplanung kann ein Unternehmen nicht vor einer Evakuierung
bewahren.

Und im Fall der Fälle bleiben häufig nur wenige Minuten zur Evakuierung. Diese
müssen richtig genutzt werden und das funktioniert nur bei einer guten Vorbereitung.
     Laut einer repräsentativen Umfrage sind aber 85 % der Unternehmen in
Deutschland auf den Fall einer Evakuierung schlecht oder gar nicht vorbereitet.
     Verantwortlich für eine reibungslose Evakuierung ist der Arbeitgeber oder
Betreiber. Dieser muss gemäß aktueller Gesetzgebung den leiblichen Schutz seiner
Mitarbeiter sowie betriebsfremder Personen (Besucher, Kunden, Patienten, etc....)
sicherstellen.
     Der Arbeitgeber/Betreiber ist daher verpflichtet, entsprechend ausgebildete
Mitarbeiter für die Aufgaben der Evakuierung zu benennen (siehe z. B. § 10
Arbeitsschutzgesetz). Oftmals werden auch Evakuierungskonzepte von Behörden
im Rahmen von Baugenehmigungen gefordert.

Feuerwehraufzug

Feuerwehraufzüge sind besonders gesicherte Aufzüge, die auch im Brandfall genutzt werden können – vorrangig von der Feuerwehr, um möglichst schnell die Brandetage zu erreichen, Menschenleben zu retten und um den notwendigen Materialtransport zur Bekämpfung eines Brandherdes erleichtern. Die Notwendigkeit eines Feuerwehraufzuges ist unter anderem in der Muster-Hochhaus-Richtlinie (MHHR) vorgeschrieben, die dessen Einsatz ab einer Gebäudehöhe von 22 m über der Geländeoberfläche fordert. Laut Richtlinie müssen die ausreichend gekennzeichneten Feuerwehraufzüge in jedem Geschoss halten und von jeder Stelle eines Geschosses aus maximal 50 m Lauflinie erreichbar sein. Ein jeder dieser Aufzüge muss einen eigenen Fahrschacht haben, die Fahrschachttür muss an einem mindestens 6,00 m^2 großen Vorraum angeordnet sein, der sich in unmittelbarer Nähe zu einem notwendigen Treppenhaus befindet. Sowohl Fahrschacht als auch Vorraum sind mit einer eigenen Überdrucklüftungsanlage zur Rauchfreihaltung (RDA) auszustatten, sodass bei geöffneten Türen des Vorraums eine Luftgeschwindigkeit von 0,75 m/s entgegen der Fluchtrichtung sichergestellt werden kann.

Flucht- und Rettungswegplan

Übersichtlich ausgewiesene Fluchtwege, Standorte von Hilfsmitteln zum Löschen, Behandeln und Bergen sowie der offizielle Sammelpunkt bei Evakuierungen – genau diese Informationen und noch viele nützliche Details mehr zeigt ein Flucht- und Rettungsplan gem. DIN ISO 23601 in leicht-verständlicher Weise. Visuell mit nur wenigen geschriebenen Worten soll so nichtkundigen Besuchern von öffentlichen Gebäuden schnell und effektiv in Gefahrensituationen geholfen werden. Durch in den letzten Jahren international weiter vereinheitlichte Gestaltungsrichtlinien nach ISO-Normen sind Flucht- und Rettungspläne auch einem internationalen, fremdsprachlichen Publikum im Ernstfall eine große Hilfe.

Gefangener Raum

Ein Gefangener Raum kann ausschließlich durch einen anderen Raum betreten werden. Der Begriff stammt aus dem Arbeitsstättenrecht (ASR A2.3, Ziffer 3.4) „Fluchtwege und Notausgänge, Flucht und Rettungsplan".

Horizontaler Fluchtweg

Ein Gang muss nicht zwingend die Anforderungen an einen horizontalen Fluchtweg erfüllen – auch nicht, wenn Personen im Ereignisfall darüber flüchten. Maßgebend ist, wo der Gang liegt. Wenn er innerhalb der Nutzungseinheit liegt, wird er dieser zugeordnet und kann ohne Anforderung an einen horizontalen Fluchtweg ausgebildet werden. Es gelten dieselben Anforderungen an den Gang wie an die Nutzungseinheit.

Bei einem Gebäude geringer Abmessungen kann der Gang auch ohne Anforderungen an einen horizontalen Fluchtweg ausgebildet werden, wenn er nicht innerhalb einer Nutzungseinheit liegt, da bei dieser Gebäudekategorie keine erhöhten Anforderungen an Fluchtwege bestehen.

Notausgang

Notausgänge müssen stets funktionstüchtig (Ausstattung mit sogenannten Panikschließungen, ggf. alarmgesichert) und entsprechend gekennzeichnet sein (Notbeleuchtung bzw. Sicherheitsbeleuchtung nach DIN VDE 0108). Die Verwendung von Drückergarnituren als Notausgangsverschluss (DIN EN 179) oder von sog. „Panikstangen" (DIN EN 1125) ist möglich, jedoch nicht zwingend und jeweils im Einzelfall zu prüfen. Bei der Verwendung von sog. Panikstangen ist die Einengung des Rettungsweges bei geöffneten Türen zwingend zu berücksichtigen (im Allgemeinen nicht unter ca. 20 bis 30 cm je nach Typ und Hersteller).

Notwendige Treppen und Treppenräume

Jede notwendige Treppe muss zur Sicherung der Rettungswege aus den Geschossen ins Freie in einem eigenen, durchgehenden Treppenraum liegen (notwendiger Treppenraum). Notwendige Treppenräume müssen so angeordnet und ausgebildet sein, dass die Nutzung der notwendigen Treppen im Brandfall ausreichend lang möglich ist. Notwendige Treppen sind ohne eigenen Treppenraum zulässig.

Von jeder Stelle eines Aufenthaltsraums sowie eines Kellergeschosses muss mindestens ein Ausgang in einen notwendigen Treppenraum oder ins Freie in höchstens 35 m Entfernung erreichbar sein; das gilt nicht für land- oder forstwirtschaftlich genutzte Gebäude. Übereinanderliegende Kellergeschosse müssen jeweils mindestens zwei Ausgänge in notwendige Treppenräume oder ins Freie haben. Sind mehrere notwendige Treppenräume erforderlich, müssen sie so verteilt sein, dass sie möglichst entgegengesetzt liegen und dass die Rettungswege möglichst kurz sind.

Jeder notwendige Treppenraum muss einen unmittelbaren Ausgang ins Freie haben. Sofern der Ausgang eines notwendigen Treppenraums nicht unmittelbar ins Freie führt, muss der Raum zwischen dem notwendigen Treppenraum und dem Ausgang ins Freie mindestens so breit sein wie die dazugehörigen Treppenläufe, Wände haben, die die Anforderungen an die Wände des Treppenraums erfüllen, rauchdichte und selbstschließende Abschlüsse zu notwendigen Fluren haben und ohne Öffnungen zu anderen Räumen, ausgenommen zu notwendigen Fluren, sein.

Notwendige Flure

Notwendige Flure sind allgemein zugängliche Flure, über die in oder aus Nutzungs-einheiten bauaufsichtliche Rettungswege ins Freie oder zu notwendigen Treppen führen.

Rauchschutz-Druckanlage (RDA)

Rauchschutz-Druckanlagen (RDA) haben die Aufgabe, Flucht- und Rettungswege (Treppenräume, Feuerwehraufzüge, Fluchttunnel etc.) rauchfrei zu halten. Dabei wird im zu schützenden Bereich ein kontrollierter Überdruck gegenüber den angren-zenden Räumen, in denen es zu einem Brand kommen könnte, erzeugt. Dabei müssen Türen immer, ohne zu großen Kraftaufwand zu öffnen sein. Die maximal zulässige Türbetätigungskraft beträgt 100 N.

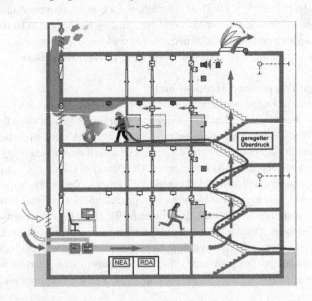

Wenn im Brandgeschoss die Türen zwischen Brandraum und geschütztem Bereich geöffnet werden, muss eine ausreichende Durchströmung der Tür in Rich-tung des Brandgeschosses erfolgen, damit weiterhin kein Rauch in den geschützten Bereich eintritt.

Da für den Aufbau der notwendigen Geschwindigkeit ein deutlich höherer Volu-menstrom erforderlich ist als für den Druckaufbau bei geschlossenen Türen, muss der Druck bzw. der Zuluft-Volumenstrom geregelt werden. Maximal 3 s sind nach DIN EN 12101-6 zulässig, um nach Öffnen oder Schließen einer Tür zumindest 90 %

der neuen volumetrischen Anforderungen zu erzielen. Innerhalb dieser 3 s muss bei sich öffnenden Türen der für die Tür-Durchströmung erforderliche Volumenstrom zusätzlich bereitgestellt werden. Bei sich schließenden Türen muss innerhalb der 3 s der Zuluft-Volumenstrom reduziert werden oder durch ausreichend schnell öffnende Druckentlastungsklappen die überschüssige Luftmenge abgeführt werden.

Rettungsweglänge

Die maximal zulässige Länge eines Rettungsweges beträgt grundsätzlich 35 m. D. h., dass von jedem Punkt eines Raumes nach höchstens 35 m (in Luftlinie gemessen) ein gesicherter Bereich bzw. der Außenbereich zu erreichen sein muss. Unter „gesichertem Bereich" ist ein rauchdicht abgetrenntes Treppenhaus oder der mit einer Brandschutztür gesicherte Übergang in einen benachbarten Brandabschnitt zu verstehen. Durch Einbauten (Anlagen, Maschinen, Lagerbereiche, Unterteilung in Büroräume) kann der Rettungsweg um etwa 50 % verlängert werden. Dabei handelt es sich um Richtwerte. Gerade in diesem Fall ist der Ermessensspielraum entsprechend den örtlichen und betrieblichen Gegebenheiten groß. Eine entscheidende Rolle spielen u. a.

- Art und Nutzung der Räume,
- Alter, Konstitution und Ortskenntnis der betroffenen Personen,
- Übersichtlichkeit,
- Vorhandensein einer Werkfeuerwehr.

Sicherheitstreppenraum

Anforderungen an den Sicherheitstreppenraum sind im Punkt 4.2 und 6.2 der Muster-Hochhaus-Richtlinie beschrieben. In Fachkreisen wird seit einiger Zeit diskutiert, ob Erleichterungen für Sicherheitstreppenräume im Regelbau möglich sind. Berlin hat es bereits vorgemacht und Erleichterungen eingeführt, die seit 1. Januar 2017 gelten.

Ein zweiter Rettungsweg ist nicht erforderlich, wenn der Treppenraum der notwendigen Treppe so angeordnet und beschaffen ist, dass Feuer und Rauch nicht eindringen können (Sicherheitstreppenraum). Dies wird erreicht durch die Zugänglichkeit des Treppenraums über einen im freien Windstrom angeordneten offenen Gang oder durch eine Sicherheitsschleuse bei Überdruck im Treppenraum.

Vertikaler Fluchtweg

Der vertikale Rettungsweg (notwendige Treppe) setzt sich aus den Ein- und Ausgängen zusammen und muss in der Regel auf eine öffentliche Verkehrsfläche führen.

Printed in the United States
by Baker & Taylor Publisher Services